使用當地品種園藝

利用生物多樣性和異花授粉的永續農業糧食安全指南

人們對當地品種當地品種

"園藝的評價"園藝很棒。這是一個愛情故事！還有兩部分園藝手冊。有這樣的很多啟示我不知道從哪裡開始？太神奇了。從各個方面來說，這都是一本歷久彌新的書。做得好 約瑟夫。" Dan Barber、石穀倉藍山 和 第 7 行種子公司

"約瑟夫 Lofthouse 專注於所有園丁都應該知道的事情：本地品種是實現可持續性的途徑。最好的部分是他書中的所有內容都適用於任何園丁。沒有高水平的知識需要植物學或化學。種植當地植物的多功能性和多樣性不言而喻。" Jere Gettle-貝克溪傳家寶種子公司。

"看到這個過程在短短一年內開始發揮作用，真是太棒了。" Josh Jamison, 心村

"惡劣的天氣模式會影響我們的莊稼和花園，但 約瑟夫 的書用簡單的語言向我們展示瞭如何在我們最喜歡的食用植物中培養復原力。在這些頁面中，他解釋了成為您自己的種子育種者的步驟，並重點介紹了最容易種植的作物。他輝煌的育種工作在這裡簡短而生動地捕捉到，激勵我們嘗試動手，並對即將發生的事情充滿愛心。" Merlla McLaughlin，編輯保護者

"約瑟夫 的書讓像我這樣的新手種子大開眼界。我的生長條件不像約瑟夫那樣極端，但我們的生長季節確實很短。他激勵我開始嘗試生產自己的當地作物。梅根·帕默

"鼓舞人心。賦權。非常重要的工作。" Stephanie Genus

使用當地品種園藝

利用生物多樣性和異花授粉的永續農業糧食安全指南

約瑟夫 Lofthouse

版權所有 © 2021 約瑟夫 Lofthouse。 版權所有。

和平之父出版，
天堂，猶他州，美國

聯繫作者或加入他的郵件列表 http://Lofthouse.com
請將評論發佈到您最喜歡的購物或社交媒體網站。

英文版：Landrace Gardening, ISBN 9780578245652
中文版：使用當地品種園藝, ISBN 9781737325031

Copyright © 2021 by Joseph Lofthouse. All rights reserved.

Published by Father of Peace Ministry,
Paradise, Utah, United States of America

Contact the author or join his mailing list at
http://Lofthouse.com
Please post reviews to your favorite shopping or social media sites.

English version: Landrace Gardening, ISBN 9780578245652
Chinese version: 使用當地品種園藝, ISBN 9781737325031

感謝您的照片：玉米根，昆蟲（Vivi Logan）。奧格登種子交易所（Gregg Batt）。蘑菇，南瓜，南瓜（Dawn Andersson）

獻給百萬
的自由種子保管人誰
花了幾萬年
馴化物種
我現在成長。

術語

普通豆：在談到豆類時，我經常用"普通"來指定菜豆屬的物種，這些豆類是花豆、腎豆和大北方豆。

異花授粉：當母本植物接受來自不密切相關的植物的花粉時發生。

傳家寶：經過開放授粉近親繁殖 50 多年的品種。

近交衰退：描述植物高度近交時發生的活力喪失。

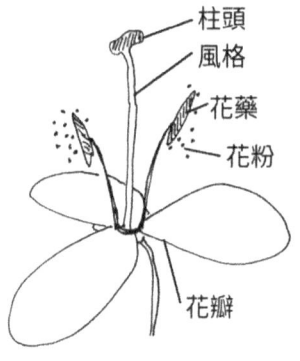

花的一部分

異花授粉花授粉：異的同義詞。

當地品種：一種適應當地的、遺傳多樣性的、混雜授粉的糧食作物。本地品種與土地、生態系統、農民和社區密切相關。當地品種通過適應不斷變化的條件的能力提供糧食安全。

雄性不育：不產生花粉的植物。花藥經常缺失或變形。雄花可能完全沒有。

開放授粉：分離和近交植物品種的做法，以保持它們的純淨。這確保它們年復一年地保持穩定。強烈的近親繁殖限制了開放授粉作物適應生長條件變化的能力。

表型：觀察或測量的植物或動物的性狀。表型受基因組成和環境條件的影響。

混雜授粉異花授粉：鼓勵的做法。種子保存的目標是遺傳多樣性和局部適應性，而不是表型的穩定性。

自交：描述自花授粉的植物或種群。

自不親和：描述不能自花授粉的植物。自交不親和的植物是 100% 異交的。

目錄

人們對當地品種當地品種..2
術語..vi
感恩的表達...xiii
前言..xv
1 適者生..1
2 自由職業者與工業..9
    歷史和政治..9
    山地人的寓言 千百年來，人們...................................10
3 持續改進...15
    可靠性和生產力...15
    更食物...17
    減輕壓力...19
4 傳家寶、雜交種和本地品種..23
    傳家寶...23
    開放授粉...23
    第一代混合動力車..24
    自由混合動力車..26
    混雜雜種...26
    傳統農民的品種..28
    示例...29
5 創造地方品種...33
    格雷克斯...33
    增量變化...34
    穩定性...35
    記錄保存...37
    種子交換...38

鄰里交流 39
　　種子庫 種子庫的 40

6 新方法和作物 43
　　無意的選擇 43
　　季節轉換 44
　　獨特性狀 46

7 混雜授粉 51
　　高度本地化 51
　　純度和隔離距離 52
　　異 54
　　主要自交 55

8 糧食安全 59
　　社區 59
　　近親繁殖與多樣性 59
　　克隆 60
　　樹木 63
　　全季種植 63
　　蘑菇 63
　　春天的綠色蔬菜 64
　　塊根作物根 64
　　種子 64
　　多物種多樣性多樣性 65
　　覓食 65

9 維護本地品種 67
　　添加新遺傳學 67
　　保留較舊的遺傳學 68
　　偏好更大的種群 68
　　自由 69

優先 69
　　總結 69

10 病蟲害 71
　　回歸抗性 71
　　科羅拉多馬鈴薯甲蟲 72
　　鳥類和哺乳動物 73
　　模糊 73
　　飛蛾和蝴蝶 74
　　微生物 75

11 保存種子 保存種子 77
　　收穫種子 收穫種子 78
　　幹收 78
　　濕收穫 79
　　種子活力 79
　　儲存種子 80
　　人類的弱點 81

12 種混雜的西紅柿 87
　　遺傳瓶頸 87
　　混雜授粉 88
　　自動生成雜交種 91
　　花卉類型 91
　　合作 94

13 玉米 97
　　甜玉米 甜玉米 97
　　爆米花 98
　　燧石玉米 99
　　穀物玉米 100
　　高胡蘿蔔素燧石玉米 100

ix

高胡蘿蔔素甜玉米..101
來自安第斯山脈的甜蜜....................................101
麵粉玉米..102
氣根..103

14 豆類..105
潛力..105
蠶豆..107
普通豆..108
茶花豆..108
烹飪..108

15 壁球家族..111
西瓜..111
西葫蘆..111
胡桃南瓜..112
千里馬千里馬..113
風味..114
烹飪..115

16 穀物..117
種植種植..117
收割..118
育種..119
多年生穀物..121
烹飪..122

17 使一切都成為當地品種............................125
雞 雞的..125
蜜蜂..127
蘑菇 蘑菇..129
樹木..129

後記...133
开发本地品种的难度...134
快速總結...138
作者簡介...140

本地干布什豆，選擇種植

感恩的表達

太陽神父和蓋亞母親給我生命和食物。我很感激能與植物、動物和自然世界建立有意識的關係。

數以百萬計的種子儲蓄者,他們不讀書也不寫作,馴化了我種植的植物。我承認我的育種是對預先存在的遺傳學的一個小調整。

我的父母和祖父母教我培養和尊重自然世界和我在其中的位置。我感謝我的祖先,他們生活在離地球和生命、生長和死亡的自然循環很近的地方。我很感激我的家人選擇吃我們花園裡種植的食物,從附近的荒野收穫,或由有機農民在當地生產。

感謝幫助我編寫本書英文版的個人、組織和論壇。更完整的列表可以在英文版中找到。

感謝對本書西班牙語版提供評論的讀者:

西班牙語對我來說是第二語言。感謝您對我的話和錯誤的耐心。

琥珀對我花園的幫助比其他人加起來都多。與她有關農業、社區和糧食系統的對話深刻影響了我的生活。我將我在非農事業中的大部分成長和發展歸功於 Amber 的影響。他遞給我一把吉他並告訴我,如果我學會彈它,我就可以保留它。我學過!

當地南瓜品種

當地生菜品種e

前言

我在沙漠中寒冷的山谷裡種花。溫暖天氣作物掙扎。西紅柿、辣椒、南瓜和甜瓜等作物難以種植。在平均氣候下對普通園丁有用的蔬菜品種和做事方式在這裡不起作用。幾十年前在遙遠的花園中流行的方法和品種對我不起作用。

為了獲得許多溫暖天氣作物的收穫，我必須開發我農場獨有的品種。當地品種最適合我的生長條件。

我種植的第一種當地作物表現良好，因此我致力於將當地品種的園藝原則應用於我花園中的每一種植物和動物。

自遠古以來，農作物就作為當地品種種植，但最近幾十年除外，當時種植的糧食被割讓給了大型企業。

當地品種是一種遺傳多樣性、混雜授粉和適應當地的作物。適應當地的作物因其在不斷變化的生長條件下產生穩定的產量而受到喜愛。

適者生存和農民在惡劣條件下對可靠性的偏愛產生了適應當地的作物。存活時間不足以使種子死亡的植物。最強壯的植物存活下來。新害蟲、新疾病的出現，或文化習俗或環境中的變化可能會傷害遺傳多樣性人群中的某些個體。無論條件如何變化，許多植物科的多樣性都很好。

適應當地的作物通常在維持生計的條件下生長，無需昂貴的投入，例如除草劑、殺蟲劑、肥料或除草。對於生長條件極端或害蟲的花園，適應當地的作物可能是唯一可靠的收成。

本書的前提是種植糧食、節約種子、植物育種是人類共同的傳承。文盲的植物育種者給我們帶來了我們現在種植的每一種作物。種子管理員不讀書也不寫字。他們不知道基因。在沒有書本學習的情況下，他們彼此合作，並與植物和生態系統合作，為我們帶來了美妙的作物。

這些簡單的人為開發玉米、豆類、南瓜和穀物所做的工作是人類完成的最複雜和最重要的事情。它隱藏在顯眼的地方，使世界上最偉大的寺廟的成就相形見絀。

　　適合當地的植物育種工作最好由簡單的人完成。我們不需要實驗室，甚至不需要文化——我們在社區中僅用我們的心靈和思想所取得的成就的輝煌和規模是驚人的。

　　種植適應當地的食物和種子的技術今天對我們來說就像古代一樣。

　　大約 60 年前，種植食物的工業模式開始將人們與傳統的食物生產方法區分開來。遙遠的"專家"取代了人們自己的理解和洞察力。人們通常不再種植自己的食物和種子，而是成為全球企業機器中的齒輪。分離是普遍的。

　　這本書解釋了另一種方法，鼓勵糧食和種子生產的自由和社區自給自足。

　　我更喜歡用溫柔和愛的意識來園藝，對我自己、植物、動物和微生物。我不會像對待工業機器中的齒輪一樣對待我們。當我在溫暖的秋日收穫種子時，我的心歌將千百年來的人、植物和生態系統，回溯到過去和未來。

　　這本書的外賣信息是希望的信息。普通園丁和村莊可以輕鬆實現糧食生產、種子保存和植物育種。我們不需要依賴學校教育、專家、遙遠的大型企業或他們的產品。

　　我們可以種植適合當地情況的優良種子，以便在我們自己的花園和社區中茁壯成長。

　　種植當地品種通過生物多樣性和混雜授粉提供糧食安全。

　　本地化植物育種工作最好由簡單的人完成。我們不需要實驗室，甚至不需要識字——我們在社區中僅用我們的心靈和思想所取得的成就的輝煌和規模是驚人的。

　　種植適應當地的食物和種子的技術今天對我們來說就像古代一樣。

大約 60 年前,種植食物的工業模式開始將人們與傳統的食物生產方法區分開來。遙遠的"專家"取代了人們自己的理解和洞察力。人們通常不再種植自己的食物和種子,而是成為全球企業機器中的齒輪。分離是普遍的。

這本書解釋了另一種方法,鼓勵糧食和種子生產的自由和社區自給自足。

我更喜歡用溫柔和愛的意識來園藝,對我自己、植物、動物和微生物。我不會像對待工業機器中的齒輪一樣對待我們。當我在溫暖的秋日收穫種子時,我的心歌將千百年來的人、植物和生態系統,回溯到過去和未來。

這本書的外賣信息是希望的信息。普通園丁和村莊可以輕鬆實現糧食生產、種子保存和植物育種。我們不需要依賴學校教育、專家、遙遠的大型企業或他們的產品。

我們可以種植適合當地情況的優良種子,以便在我們自己的花園和社區中茁壯成長。

本地化園藝通過生物多樣性和混雜授粉提供糧食安全。

猶他州卡什谷

1 適者生

　　本地化園藝是種植食物的傳統方法。它基於適者生存。本地化品種在當地適應，遺傳可變，並且混雜授粉。這本書側重於本地化品種與當地園丁和社區的密切聯繫。

　　本地化作物適應不斷變化的條件。最有可能茁壯成長的植物是先前茁壯成長的植物的後代。

　　當我種植從工業化種子系統中獲得的種子時，75% 到 95% 的品種失敗是很常見的。我的鄰居向我抱怨說，我的雜種品種每週灌溉一次就能茁壯成長，而他們的目錄品種即使每天澆水也會乾枯死亡。當我問他們從哪裡得到種子時，他們自豪地告訴我他們是從俄勒岡州沿海的一個有機農場得到的。

　　我們的生長條件是高海拔、陽光充足的超級乾旱沙漠，晝/夜和季節性溫度波動很大。種子生長的條件是陰天、低海拔、潮濕、潮濕、溫度適中。目錄種子生長在一個完全不同的地區，許多生長條件與我們這裡的情況相反。種子缺乏在我們的條件下茁壯成長所需的遺傳技能。

　　在更大的背景下，種子行業出售的絕大多數種子是未經審查的種子。幾乎沒有關於種子生長條件的披露或問責。它們可能來自世界任何地方，具有不同的氣候、土壤和生態系統。

　　通過種植生物區域生產的種子，我獲得了更好的結果。我通過種植自己的超本地化品種獲得了最好的結果。種子不僅適應了氣候和生長條件，還適應了我作為農民的習慣。

　　我種植的第一種本地化作物是 Astronomy Domine 甜玉米。它是印第安納州 Pekin Bishop's Homegrown 的 Alan Bishop 的育種項目。該項目的目標是創建一個包含數百個甜玉米品種的雜交群體：現代雜交品種、古老的本地化品種和傳統的傳家寶。當我種下種子時，有的死了，有的茁壯成長。有些被野雞或臭鼬吃掉了。總的來說，結果很可愛。我從最好的種子那裡保存了種子，然後重新種植。收成棒極了。它們比我家幾十年來種植的商業雜交甜玉米更健壯、色彩更豐富、產量更高、更美味。

Astronomy Domine 本地甜玉米，首次本地收穫

　　十年後，我的 Astronomy Domine 版本與 Alan 的版本不同。我的是較短的季節，有更多顏色的內核。我的品係比艾倫的早十天成熟。

　　我愛上了基因多樣的甜玉米，並將我的整個農場改造成本地化種植。哈密瓜是一種很好的作物，因為傳統的甜瓜品種在秋季霜凍之前不會成熟。高度異交的作物，如瓜類，能迅速適應局部生長。異交創造了遺傳多樣性，為尋找在我的農場茁壯成長的新品種提供了機會。

　　為了開始哈密瓜項目，我從前一年結出果實的幾個瓜中保留了種子。我添加了品種：來自當地農場的攤位、互聯網、種子目錄、雜貨店。有些品種沒有發芽。一些品種屈服於蟲子。

其他人沒有在寒冷中成長。一些增長強勁。兩株生長最好的植物結出的果實比其他地方的總和還要多。

很明顯,在生長季節的早期,一些植物正在茁壯成長。其他人成長緩慢。

在開發當地品種的項目開始時,我謹慎地剔除。我想要任何可以使種子將其遺傳學貢獻給基因庫的東西。在以後的幾年裡,我選擇更多的生產力和品味。有關剔除的細微差別將在後面的章節中介紹。

我收集種子並重新種植。哦,我的天啊!!我習慣於嘗試種植適應不良的哈密瓜。我從沒想過哈密瓜的產量會很高。我一次收穫了一百磅的水果!

我認為本地化育種項目的第三年是神奇的一年。第一年,完全不適應的植物就滅絕了。第二年,倖存者異花授粉。第三年他們的後代是最好的與最好的雜交。即使沒有高雜交率,第三年的植物也有兩年的局部適應和選擇。

蘇珊奧利弗森和我在同一個山谷裡種瓜。我們彼此慷慨地分享了種子。我相信她的種子,因為我們擁有相同的氣候、土壤、海拔和蟲子。我們都重視多樣性。她的種子在我的花園裡茁壯成長。我們將品種 Lofthouse-Oliverson 當地甜瓜 命名為。

本地化園藝的一個關鍵組成部分是社區合作:本地、生物區域以及來自世界各地的類似生態系統。

菠菜很容易轉化為局部生長。我將多種菠菜並排種植,並剔除生長緩慢或抽薹快的植物。

本土菠菜與外國菠菜
(國外紅框周圍)

12 個品種中約有 4 個適合我的花園。我允許它們異花授粉並播種。幾年後，有人給了我一包菠菜種子。我把它種在我適應當地的品種旁邊。進口菠菜種子高 3 英寸（8 厘米）。局部菠菜的葉子有一英尺長。

品嚐西瓜

西瓜項目最初包括來自世界各地的合作者。我們在參與者之間自由地分享種子。我花園裡最可靠的進口來自最近的合作者。遠方的合作者和大型種子公司對於收集多樣性很重要。遺傳多樣的異花授粉作物重新排列其遺傳以適應當地條件。

為了啟動西瓜項目，我種了大約 700 顆種子。第一次種植包括數百個品種的混雜授粉雜交後代。第一年我收穫了五個水果。這對於優勝劣汰的植物育種計劃來說是一個很大的機會。其中一種水果來自我爸爸在我們山谷保存了幾十年的傳家寶西瓜品種。

有時，當我開始在我的花園中適應一種新作物時，我會進口數百個品種，進行大規模雜交。其他時候我採取緩慢而穩定的方法。我將在後面的章節中介紹這兩種方法。

蘿蔔形根防風

我用歐洲防風草採取了緩慢而穩定的方法。我的土壤一到秋天就會變硬。他們很難挖掘。他們正在分手。大部分食物價值留在地下。我們從蘿蔔根歐洲防風草開始，讓它自然地與更有活力、根更長的歐洲防風草進行異花授粉。然後我們重新選擇蘿蔔根形狀。我不太可能再次引入根深蒂固的歐洲防風草。我不想失去現在的形狀。

根據我種植這些基因多樣性作物的經驗，它們會異花授粉並經歷適者生存的選擇。他們自己繁殖。我的主要功能是不礙事。我在適當的時間種植，並根據需要灌溉或除草。本書有一整章專門探討混雜授粉。

我不溺愛植物。如果植物與疾病或害蟲作鬥爭，我就會剔除它。我不會試圖用殺蟲劑、噴霧劑、除草劑、勞動力或治療來挽救它。如果我早點拔掉它，那麼它就不會將花粉灑到其餘的貼片中。我在關於病蟲害的章節中探討了這種方法的細微差別。

許多園丁在種植西紅柿上投入了大量的勞動力和材料。他們讓他們遠離土壤。他們架設格子並 修剪它們 以獲得氣流。他們不斷地噴灑。我在泥土上種西紅柿。我不理他們。如果一個品種不能處理當地的病蟲害，或者我的放手方法，那麼我不希望它在我的花園裡。我更喜歡種植能夠完全適應今天的生長條件的適應當地的品種。

對植物來說，修改它們的基因比我改變生長條件要容易得多。所以我不會在我的田地裡施肥，也不會嘗試改變土壤。如果我施肥，我會選擇需要施肥的植物。

移植通常對植物有害，所以我通過直接播種來種植 盡可能。直接 播種的作物比移植作物生長得更健壯和可靠。直接播種時生存和繁榮的能力在我的選擇優先事項列表中居高不下。

我不喜歡除草。通過不除草，我選擇了能勝過雜草的植物。當它們進入人們除草的花園時，它們就會茁壯成長。連續幾年，我的胡蘿蔔都被雜草弄丟了。胡蘿蔔發芽很慢。他們慢慢長大。雜草淹沒了他們。我從少數幾株連續幾年在雜草中存活下來的植物中保存了種子。後代成為健壯、快速生長的植物。我將這種競爭優勢的雜草策略應用於我種植的每一種作物。我通常在發芽後不久除草一次。

雜草為我提供了重要的食物。看著我在花園里工作，可能很難判斷我是在覓食還是在除草。許多雜草直接從手傳播到嘴裡。

　　適者生存意味著無論農民或環境向他們投擲什麼，都能倖存下來。1 適者生存

2 自由職業者與工業

本地品種園藝是關於本地化自由職業者的食品生產、種子保存和植物育種。縱觀歷史,平衡在小規模糧食生產和集中化之間轉移。我們正處於一個集中化的時代。人們正在回歸分散的糧食生產。適應當地的種子在健康的食品系統中發揮著至關重要的作用。

歷史和政治

10,000 年來,農業通過種植適應當地的作物而蓬勃發展。每個園丁和農民都從自己的花園裡保存種子。附近的園丁互相分享種子。糧食生產和種子保存是當地的。遺傳多樣性和異花授粉使作物能夠適應不斷變化的條件。

大約 60 年前,大公司開始培育農作物。他們選擇一致性和運輸質量。他們使用強烈的近親繁殖丟棄了大部分物種的多樣性。殺蟲劑、除草劑、殺菌劑、肥料、催熟劑和防腐劑彌補了近親繁殖和運輸的需要。

在該系統下生長的植物失去了許多關於如何應對害蟲、疾病和不利生長條件的遺傳記憶。他們開始依賴合成化學品。

家庭園丁不願意用化學品毒害他們的莊稼或他們自己。家庭園丁很少遵守嚴格的噴灑計劃,以從高度近交作物中獲得最佳產量。

你會得到你所選擇的,即使選擇是無意的。使用堆肥、覆蓋物或木片的園丁選擇在這些投入下生長最好的植物。工業化種業選擇需要無機肥料、作物保護化學品和除草的品種。當工業化種子在這些條件之外生長時,它們就會掙扎。

儘管條件不斷變化,但基因多樣化的作物仍可提供可靠性。異花授粉品種重新排列其遺傳學以充分利用新條件。

高度近交或克隆作物導致大量作物歉收,包括:1845-1857 年的歐洲馬鈴薯瘟疫、1950 年代的非洲南部玉米銹病、

1970 年的美國玉米枯萎病和 2009 年南非的轉基因玉米歉收。咖啡、香蕉、小麥、蘋果、馬鈴薯和西紅柿是目前受到系統範圍破壞威脅的作物。我相信印度新稻的失敗導致農民的高自殺率。

基因多樣的作物不太容易受到整個系統崩潰的影響。我種了大約 5000 種甜玉米。大型農場可能只種植一種類型。我當地的一粒甜玉米比數百英畝的商業甜玉米具有更多的遺傳多樣性。

傳家寶是幾十年前在遙遠農場繁衍生息的品種。今天的情況和我的農場不同。我不斷地生產可以在 50 年後被稱為傳家寶的品種。

最近的社會動盪導致種子公司無法跟上需求。他們沒有人員、設備、物資或種子來供應每個需要種子的人。雜貨店展示了全球化準時交貨模式的弱點，許多類型的食品和用品都用完了。一些政府禁止出售不必要的種子。

作為一個社區種植適應當地的作物可提供最大的糧食安全和自由。一個自己種植食物和種子的社區不太容易受到遠方公司或政客的行動的影響。

山地人的寓言 千百年來，人們

對植物育種的基本事實瞭如指掌。植物產生種子，可以收集和重新種植。後代類似於他們的父母和祖父母。以這種知識為基礎，文盲的植物育種者馴化了我們現在種植的食物種類。

數万年來，不識字的人類選擇了對食物有用的動植物。他們選擇對抗毒物和過多的纖維。他們選擇生產力，以及對錯誤和疾病的抵抗力。他們選擇了美味和高營養成分。

在那段時間裡，人類和植物彼此達成了協議。這些植物同意大量生產並放棄它們的毒藥、荊棘和抗營養物質。人類同意照顧、培育和保護植物。植物和人類一起進入了互惠互利的共生關係。

一些植物和一些人類文化將這種共生關係提升到了一個新的水平。人類變得久坐不動，並開始靠近穀物以更好地保護它們免受掠食者和雜草的競爭。豐富的食物讓人類有更多時間花在文化追求上，而減少了日常生存的時間。

人類分為居住在靠近穀物的城市的文明人，以及更多以游牧或狩獵採集為生的山地人。山地人還馴化了植物。他們傾向於實行多年生園藝而不是一年生農業。

文明人發現他們可以將穀物儲存數月、數年或數十年。他們把糧食收進倉裡保管，並指派壯士看守糧食。其後，壯漢掌管糧食，便以禮換糧，派出代表，確保文明人生產的糧食，全部落入中央糧倉，而不是私人糧倉。

山地人繼續以他們的傳統方式生活，種植不易集中或運輸的易腐爛食物。種植不值得官僚花時間的小花園。在荒地覓食不易統計的食物。保持流動的牛群和羊群。種植可以在收穫之間持續數年的多年生作物，或可以自生自滅的一年生作物。

文明人將他們的食品生產系統工業化，將大量機器人送到田地和倉庫，只有足夠的低薪工人來維持機器人的運轉。他們向空氣、土地、水和他們自己噴射毒藥。活土變成死土，河流和海洋變成死區。

文明人種的莊稼，因為近親繁殖，變成了低能兒。他們失去了應對環境壓力的智慧。作物保護化學品、噴霧劑和肥料的機械化和過度使用使植物依賴於機器人，從而加劇了健忘。文明植物種植在更自然的花園中時，生長不良。

文明人也開始依賴機器人來獲取食物。他們來聽從壯漢吩咐他們做的任何事情，這樣他們就可以繼續吃飯。文明人變得堅強，就像養活他們的機器一樣。恐懼、猜疑和絕望充滿了他們的城市。他們忘記瞭如何唱歌和跳舞，更喜歡看機器人向他們展示的其他人唱歌和跳舞。

山地人種植的動物和農作物保留了關於如何處理蟲子、疾病、農民、土壤和生態系統的遺傳記憶。山區人民種植的智慧多樣的農作物生產了豐富的健康食品,為山區人民帶來了和平與自由。

　　山地人經常慶祝他們的好運,以及他們植物和人類祖先的智慧。他們聚在一起唱歌、跳舞,感謝美麗的味道、健壯的植物、自然世界和他們的社區。他們的音樂和舞蹈是自發的,由他們自己的身體、想像力和樂器組成。歡樂、和平與合作充滿了他們的村莊。

自由永續農業：草莓和蘑菇

從種子長出來的李子

C4 苦、酸、酸、柑橘、明亮

A4-2 酸，澀，酸橙，柑橘，噁心！

A5-1 溫和、宜人、甜瓜、扁、茴香

Max-habro. 明亮，濕狗，風味麝香炸彈，堅果，瓜酸牛奶

C5-5 酸性的，不時髦的，清淡的，鹹味的，水汪汪的，最平淡的，新鮮的

C3 酸，湯，哇！蜜露，甜，甜瓜

C5 黃色 淡、淡、黑、低酸、粉狀、低糖

C5-1 甜美的花香，平淡，發酵，良好的

A1-1 口味測試的優勝者。 芒果，浪漫，不錯，哇！最好的事物。

A4-3 不！酸的。酸。水汪汪的。 平淡無奇

A4-1 多汁的綠色，酸，很好的初始味道，黃瓜皮

C5-4 甜瓜，百勝，時髦和甜蜜，百勝，

番茄品嚐會
眾多口味測試者的評論總結

3 持續改進

　　種植本地品種給我帶來的最大好處是我的莊稼茁壯成長。他們一年比一年好。我自己種的種子比我能買到的更旺盛。

　　當我從一家跨國種子公司購買一個品種時，我無法預測它會如何在我的花園中生長。具有不同遺傳特性的種子甚至可以帶有相同的標籤。如果我種植三四個品種並從最適合我的植物中保留種子，我會選擇茁壯成長的植物。他們年復一年地可靠生產。

　　跨國公司在普通花園中測試其種子的平均條件。這意味著他們的種子可能不如為特定花園中的特定條件量身定制的種子那樣好。

　　我相信，如果我們想要在我們自己的花園裡種植最好的品種，我們應該種植基因多樣化、混雜授粉的作物，然後將它們的種子保存在我們自己的花園和社區中。由於海拔高、季節短，我的農場生長條件極端。在我開始保存自己的種子之前，我無法可靠地種植許多溫暖的天氣作物。

　　一個朋友在我的花園裡種西葫蘆。她種植了未在當地適應的商業種子。它們是疾病和蟲子的磁鐵。他們很快就死了。我的南瓜似乎不受病蟲害的影響。因此，我很高興看到她的壁球消亡。他們說為別人的不幸幸災樂禍是不合適的。在這種情況下，我破例了，因為能夠如此簡單地展示使用當地品種園藝的好處，真是太好了。

可靠性和生產力

　　我喜歡當地品種的可靠性和生產力。幾代人的祖先在我的農場裡種植和生產種子。因為後代像他們的父母和祖父母，所以我農場生產的種子通常會茁壯成長。祖先們已經證明他們擁有生存所需的一切。

　　隨著氣候逐年變化，一種遺傳多樣性、混雜授粉的品種會適應不斷變化的條件。

我不能相信在遙遠的國家或農場種植的種子。它們生長在不同的生態系統中。

我可以信任在我自己的花園或鄰居的花園裡種植的種子。他們已經證明他們非常適合我的山谷。

第一年（未成熟的）冬瓜

大多數商業品種在我的花園裡都失敗了。在第一代中，一些植物可能會在秋季霜凍之前產生種子。種植當地品種的基本要求是種植當地種植的種子。來自未成熟果實的種子通常足以使某些種子發芽。

在以後的幾年裡，作物會提前收穫。第三個季節是遺傳學經過初步選擇和雜交，植物開始茁壯成長。

在種植 moschata 南瓜的前三年，早霜在種植後 88 天和 84 天殺死了植物。這為縮短到期日提供了強有力的選擇。

Astronomy Domine 甜玉米更快成熟的選擇是在五年多的時間裡逐漸發生的。選擇發生在我的選擇和無意中。

我選擇縮短成熟天數，因為短季節是商業種子對我來說生長不好的主要原因。

更快成熟的選擇通過自然選擇以及農民和社區選擇進行。較快成熟的作物更可靠。炎熱天氣地區的人們告訴我，快速成熟的特性也適用於他們。他們可以換季並在一年內種植兩

第三年（成熟）冬瓜

種作物。他們可以在作物被蟲子、疾病、天氣或動物破壞之前迅速收穫作物。在本書的後面，有一節專門介紹季節轉換。

在異花授粉的遺傳多樣性品種中，選擇發生得最快。遺傳多樣性很重要，因為它為植物提供了嘗試不同方式應對世界的遺傳工具。濫交（種子來自兩種不密切相關的植物之間的授粉）很重要，因為植物可以更快地嘗試新的遺傳組合。

附錄中有一個表格，根據當地品種轉換為種植的難易程度來推薦品種。我在關於混雜授粉的章節中寫瞭如何促進很少雜交的物種之間的雜交。

用玉米、南瓜、甜瓜、黃瓜、菠菜、蠶豆、芸豆和蕓苔等異種雜交品種開發本土品種最快。異交被定義為彼此容易共享花粉。

更食物

好吃的通過年復一年地根據我最喜歡的口味保存我自己的種子，我開發出美味的蔬菜品種。

工業化品種對我來說通常味道很糟糕。我想知道人們怎麼能忍受這種味道平淡的偽食物？雜貨店提供的許多新鮮水果和蔬菜種類對我來說都不好吃。

當大學對我的顧客進行調查時，我對他們購買我的食物的主要原因感到震驚。我以為他們會說因為它是有機種植的，或者因為它是本地生產的。也許是因為它是在市場前一天晚上採摘的。不！人們主要是因為味道而購買我的蔬菜。我開始密切關注培育令人愉快的口味。

為了保持和改善我的作物的味道，我在保存種子之前先品嚐每一種水果。我不會從味道沉悶的父母那裡保存種子。幾年後，口味變得適合我的身體和我的好惡。我相信我的食物偏好代表了典型的靈長類動物行為。通過選擇吸引我的口味，我選擇了讓我的社區滿意的口味。

我問吃我食物的當地人："如果有什麼好吃的,請把種子還給我。"廚師從味道很好的水果中返回種子,以及一片水果。我也嚐嚐。他們從不喜歡的水果中剔除種子。我向朋友、家人和社區提出同樣的要求。通過這種方式,口味成為一個社區選擇項目,而不僅僅是一個農民的特質。

胡萝卜素味道好极了

影響蔬菜烹飪特徵的因素有很多:纖維質、口感、甜味、苦味、顏色、香氣、質地等。我關注所有這些。

我喜歡食物中顏色鮮豔的胡蘿蔔素的味道。當我選擇亮橙色的南瓜時,它們更美味。

這本書的測試版讀者建議我描述胡蘿蔔素的味道。我無法確定特定的味道。當我吃高胡蘿蔔素的食物時,我會感到滿足、喜悅和滿足。感覺就像我的身體正在釋放大量感覺良好的化學物質,以鼓勵我尋找類似的食物。

多年來,我無意中選擇了易於切割的南瓜。因為我在保存種子之前會品嚐每一種水果,所以我也會切割每一種水果。如果南瓜太難切或咀嚼,我會將它扔進堆肥中,而不是從中保存種子。因此,南瓜成了廚房裡的一大樂趣。

就像南瓜一樣,這些年來,甜瓜變得更加豐富多彩和美味。當我第一次開始種植甜瓜時,我稱它們為哈密瓜,因為種子包就是這樣稱呼它們的。這就是他們所說的雜貨店里外觀相似的東西。這些天,我稱它們為甜瓜,因為它們與商店出售的東西不同。我的甜瓜是超芳香的。他們是甜蜜的。質地柔軟,入口即化。味道很濃。在將它們推向市場之前,我可能會損失 20% 的水果。令人愉悅的味道和香氣彌補了損失。

我真的不喜歡苦生菜，因此我打算在從生菜中取出種子之前品嚐每株生菜。如果一種植物嘗起來很苦，我就把它剔除。生菜中的苦味是一種毒藥。第一次品嚐數百種生菜時，我感到噁心。我在品嚐生菜時更加小心了。只有最微小的味道，然後立即吐出。最終，我了解到濃稠的乳白色汁液表明生菜很苦。如今，品嚐已變得不那麼重要了。我可以目視檢查。

減輕壓力

通過種植我自己的本地品種，我消除了壓力。我不必擔心支付種子、毒藥或肥料的費用。記錄或譜系是可選的。我不必保持種子純淨或孤立。我可以從雜交種中保存種子，讓品種混在一起。當種子目錄刪除我最喜歡的品種，或者如果品種名稱或最近的故事丟失時，我不會感到不安。我不擔心收穫。我不擔心供應鏈中斷。

現代近交品種依靠合成化學品來保護作物。當地品種依靠遺傳變異來確保作物安全。

我在本書後面的部分專門介紹了植物純度、隔離距離和最小種群規模。我不會在這裡過多討論它們，只是說園藝書籍中通常給出的建議是為向全世界供應的大型種子公司提供的。對於為自己的花園或村莊種植種子的人來說，標準是不同的。

如果安妮女王的花邊污染了我的胡蘿蔔種子作物，我會剔除少量不受歡迎的幼苗。沒有傷害。不用擔心。無壓力。

我選擇盡量減少記錄保存。我將記錄限制為對種子儲存罐上的品種和種植年份的描述。當我種植在田間難以區分的姐妹系時，如果我製作種植圖會有所幫助，以便我知道我種植的是哪條線。我在花園成長的時候拍了很多照片。除此之外，我選擇通過不保留記錄來最小化壓力。我目前種植的所有品種都是由沒有保留書面記錄的種子管理員開發的。我更喜歡以藝術家的身份而不是科學家的身份從事植物育種工作。我為植物歌唱。

我在田野裡跳舞。我拍藝術照。我舉辦節日和派對來紀念季節、植物、土壤和水。我用植物製作樂器。

當我種植土著風格的作物時,可以從某些類型的雜交種中保存種子。後代可能是可變的,他們可能有男性不育等遺傳問題。我不必為這些事情感到壓力。以後有很多時間來選擇我喜歡的特質。

我不強調保持品種純淨或污染它們。在用當地品種園藝時,把事情搞混是一種美德。

當我獲得一個新品種時,我做的第一件事就是忘記當前的名字和最近的故事。這消除了跟踪名稱和故事的壓力。讓每一株植物在每一代人中講述它現在的故事是一件令人高興的事。每個品種的故事都可以追溯到數萬年前,通過數以千計的育種者。他們只講述與種子包上的品種名稱相關的一小部分故事,這讓他們很不高興。

我在種植當地品種時作物歉收。與我購買隨機種子時相比,它們的頻率更低。

一些作物家族在更熱、更乾燥的夏季茁壯成長。其他家庭在涼爽、潮濕的夏天做得更好。通過種植幾個家庭的莊稼,我對沖了每個家庭在同一個生長季節都失敗的風險。

我不太擔心由於災難或政治而導致的供應鏈中斷。仍然存在風險,因為我的許多作物都依賴灌溉。我通過不需要灌溉的替代方法種植一些物種。本書稍後包含一章,探討替代的種植方法和作物。

西瓜：長白（巨大）與商業（微小）
同一天種植，相距幾英尺

西葫蘆：夏南瓜或冬南瓜

4 傳家寶、雜交種和本地品種

本章探討了用於描述種子如何生長的不同術語，以及這些短語的含義。種子保存世界經常以與它們的簡單含義相反的方式使用詞語。人們為這些術語賦予善或惡的價值，然後拒絕使用非常美妙的種子，因為他們相信它可能是邪惡的。或者他們尋找聖人的種子，卻沒有意識到聖人的出現是對黑暗的回應。

傳家寶

傳家寶是幾十年來高度近交的品種，並通過不斷的近親繁殖得以維持。對於很久以前生活在很遠很遠的地方的一個家庭或部落來說，它可能是完美的品種。因為傳家寶來自不同的地方和時間，他們往往缺乏應對現代條件的遺傳工具包。他們可能有一個誘人的故事，這可能是也可能不是事實。這些故事對植物的生長、生產力或風味沒有貢獻。一個關於很久以前和遙遠的近交品種的故事並不能滿足社區的需求。為社區提供養料的故事，是關於我們在不斷變化的生活網絡中充滿愛心、發自內心地參與其中。

我不喜歡保存傳家寶。它會導致"近交衰退"，即有機體因近交而失去活力。

我認為保存傳家寶的最佳方法是積極種植莊稼並保存種子。允許基因隨氣候、害蟲、農民的習慣和社區偏好而流動和變化，這是自種子保存開始以來種子的保存方式。

開放授粉

關於"開放授粉"品種的說法是，你可以從它們身上保存種子，它們明年看起來會和去年一樣。開放授粉品種通過近親繁殖持續存在。該短語的情感和常識含義是可能存在一些交叉，導致遺傳多樣性。然而，在實踐中，植物被隔離以防止發生雜交。始終孤立的品種會失去遺傳多樣性。低遺傳多樣性是它們年復一年看起來相同的原因。如果他們穿越了，他們就不會保持原樣。

我使用混雜授粉、異花授粉和異花授粉這些術語。我想強調鼓勵遺傳多樣性。我不使用"開放授粉"這個詞，因為我想清楚地區分"開放授粉"的近親繁殖模因和本地品種園藝首選的異交系統。

異花授粉率在物種之間差異很大，甚至在同一物種的不同品種內也是如此。我間種不同的品種，以鼓勵異種雜交到一個品種能夠雜交的程度。

從自然發生的雜交中重新種植種子選擇更高的異花授粉率。同樣，保持傳家寶純度選擇較低的異花授粉率。

第一代混合動力車

雜種發生在兩株不密切相關的植物彼此雜交時。種子行業喜歡將兩個高度近交的親本雜交在一起。這導致後代具有高度一致的特徵，這些特徵大約是父母特徵的混合，有時一個父母的特定特徵是顯性的。

在下一代，基因重新排列，祖父母的特徵在後代之間隨機分佈。如果起始品種是多樣的，那麼這一代同樣是多樣的，因為混合性狀和優勢性狀以新的方式重組。

大型種子公司生產的雜交種來自高度近交系；因此，多樣性的出現與其說是現實，不如說是一種象徵。儘管如此，我喜歡培育商業雜交種的後代，因為新的表型和基因組合很常見。

由於近親繁殖，植物失去活力。有時人們談論混合活力。他們滔滔不絕，彷彿這是一件好事。它真正的意思是，雜交種比其高度近交親本中的任何一個都長得更好。這並不意味著雜交種比從未近交的植物長得更好。對這種現象的更準確描述是"部分逆轉近交衰退"。

一些由商業雜交者製造的雜交種是雄性不育的。由於植物細胞器的缺陷，它們不產生花粉。細胞器僅從母體轉移；因此，無菌是永久性的。這種現象稱為細胞質雄性不育。使用它是因為它是一種廉價的雜交方式，因為雄性不育花產生卵但不產生花粉，並且不能自花授粉。為廉價付出的代價是後代永遠是雄性不育的。

沒有花藥的胡蘿蔔花　　　　　　　*肥沃的胡蘿蔔花*

在某些情況下，有些基因可以恢復生育能力。關注諸如恢復基因之類的事情是一團糟。我更喜歡在我的花園裡種植功能齊全的植物，因此，我經常檢查我花園裡的花，並剔除沒有花藥或有缺陷花藥的植物。在胡蘿蔔花上，雄性不育植物通常沒有花藥。

在我意識到細胞質雄性不育之前，我的 70% 的胡蘿蔔作物是雄性不育的。他們長得很好。肥沃的植物產生了足夠多的花粉。種植部分不育的植物似乎是不可取的。每年我都會檢查我的胡蘿蔔作物並砍掉缺少花藥的植物。在將新品種導入我的花園時，我會很小心。

以下物種的商業雜交種通常含有細胞質雄性不育：西蘭花、捲心菜、蘿蔔、洋蔥、胡蘿蔔、甜菜和向日葵。我建議不要將這些物種的商業雜交種包括在適應當地的花園中。附錄中列出了其他品種。

蕓苔屬的雜種也可以利用自交不親和性製成。我可以在檢查花粉是否正常產生後使用它們。

以下作物的雜交種通常沒有細胞質雄性不育：番茄、黃瓜、南瓜、玉米、西瓜、甜瓜和菠菜。

商業雜交種的另一個特徵是它們已經變得依賴合成化學品和化肥。在有機系統中生長時，它們可能無法茁壯成長。我只給我的花園加水。我不希望我的工廠依賴昂貴的投入。

已選擇商業雜交種的親本以產生優秀的後代。子孫很可能是偉大的植物。許多工作都用於識別這些特徵。我們不妨將它們納入我們當地的品種花園，只要它們不帶有有害特徵。

自由混合動力車

我使用術語 "自由混合動力車" 來描述園丁使用人工製作的臨時混合動力車。它們可以在不遵循嚴格協議的情況下進行藝術創作。

對於小規模農民和園丁來說，使用簡單的工具和技術即可輕鬆製作自家種植的雜交品種。將一株植物的花粉移到另一株的柱頭上。植物部分可以很小。使用正確的放大和操作工具，這個過程是直截了當的。

可以製作自由雜交種，將不同品種的性狀組合成一個新品種。它們可以用來玩耍和探索。它們甚至可以用於提高生產力或利潤。我將在本章後面給出一些例子。

當我們製作手動自由混合動力車時，我們增加了多樣性和本地適應性。

我們可以在物種內部和物種之間進行自由雜交。本章以描述我個人最喜歡的一些內容結束。

植物生物學是模糊的。工業化的人類喜歡黑白分明的事物。生物世界是微妙的。生物學的各個方面都有許多灰色陰影。當我們從基因多樣化的父母那裡製作雜種時，這一點尤其明顯。

混雜雜種

在我種植的作物中，我鼓勵混雜授粉。這意味著套種具有不同物理特徵或表型的品種，以便它們更容易雜交。我沒有

DNA 實驗室。我不知道我的作物有什麼遺傳。如果我種植不同表型的種子,我認為我正在獲得遺傳多樣性。在高度異種雜交的作物中,如玉米、葫蘆和菠菜,混雜是它們的天性。

西紅柿、豌豆、亞麻、生菜、穀物和普通豆類大多是近親繁殖,不會產生很多雜交品種。根據天氣、昆蟲種群和品種的不同,異花授粉率約為 0.5% 至 10%。對純度和近親繁殖的選擇無意中導致了這些低雜交率。附錄包含常見物種的異花授粉率列表。

每當它們中間出現稀有的自然雜交種時,我就會在花園中給它們一個特殊的位置。種植雜交後代可以讓更多的機會找到在我的花園中真正茁壯成長的植物。如果我從自然發生的雜交種中種植種子,我會選擇比同類植物具有更高雜交機會的植物。

生菜:野生(左)、雜交(中)、家養(右)

大多數小麥植物不會將花藥暴露在風中,但我注意到一些小麥植物在花外有許多花藥。如果我用暴露的花藥標記植物,並優先重新種植這些種子,我可以快速選擇更高的異交。

為了鼓勵異交,我還觀察番茄花,並重新種植那些花型最開放的花。

自然雜交植物的後代得到重新排列的基因,這為植物提供了更多的機會來學習如何更好地與生態系統、農民和社區打交道。

我的曾曾祖父 James Lofthouse 在他的麥田中發現了一種天然雜交種。他從中保存了種子,在他的菜園裡種植以增加種子。他於 1890 年左右將其公開發布。最終它成為猶他州北部和愛達荷州南部種植最廣泛的小麥。我仍然種植"閣樓小麥"。

我的家人仍然受益於產生的善意，因為詹姆斯從雜交種中重新種植種子，並將我們的姓氏附加到由此產生的當地品種上。

詹姆士
Lofthouse

由於授粉的高度局部性，我鼓勵通過將不同品種彼此靠近種植來創造天然雜交種。當我種植乾燥的灌木豆時，我將它們混在一起種植。交叉率可能低至 200 分之一。我每年都會發現新的交叉，因為距離很近，而且我正在尋找它們。

傳統農民的品種

遺傳多樣性、混雜授粉的當地品種結合了世界上最好的品種，在適應當地的親本之間創造了新的雜交種，同時保持了當地的適應性和種植互花授粉作物的情感滿足。

當人們問我的莊稼是不是傳家寶時，我說不是，因為這意味著它們已經近親繁殖了 50 年。我稱我的作物為"傳統品種"。這意味著作物的生長方式與人們一直種植作物的方式相同。

就像我之前的幾代農民一樣，我在秋天耕種一次田地，在春季播種前耕種一次。我目前耕種四分之三英畝。我沒有土地。我在空地上成長，使用我社區中可用的任何領域。有一次，我在幾個社區的八個田地裡耕種了四英畝的土地，這給了我很多與世隔絕的選擇。我在夏天最熱的時候灑水 12 週。我不選擇耐旱，只選擇對乾燥的沙漠空氣和燦爛的陽光的耐受性。

土壤肥力是通過種植大量雜草來維持的，這些雜草又回到了它們生長的土壤中。我種植的行間距很遠，為種子作物提供足夠的空間。對於大多數物種，我種植 10 到 50 英尺長的行。我種了大約 150 到 500 行英尺的玉米、豆類和南瓜。種植面積較大是因為它們是我所在社區的主要作物。

示例

由於植物的性質，一些雜種比其他雜種更容易製作。玉米和南瓜每次人工授粉會產生數百粒種子。雄花和雌花是分開的，可以很容易地手動移動花粉。

鷹嘴豆每次嘗試授粉會產生一到兩顆種子。雄性和雌性部分在同一朵小花中，並且靠得很近，因此很難與鷹嘴豆雜交。

玉米

玉米雜交種非常容易製作。它們可以通過並排種植不同品種，然後在釋放花粉之前從母本上拔下流蘇來製成。流蘇是偷偷摸摸的。我喜歡通過從兩邊和兩個方向走上一排來去除流蘇，並經常重複。我種植 兩到 為每一行花粉捐贈者四行母本植物。

我喜歡將老式甜玉米的美味和可靠性與含糖增強的特性相結合。我叫它天堂，以我的村莊命名。含糖增強型甜玉米對我來說很難種植，因為種子在涼爽的春季土壤中腐爛。老式甜玉米發芽可靠，生長旺盛。我使用老式甜玉米 Astronomy Domine 作為母親，並使用含糖增強型甜玉米，例如 Who Gets Kissed 或 Ambrosia 作為花粉捐贈父親。天堂的後代繼承了母親強大的種皮，以及來自父親的額外甜蜜。通過選擇具有更長或更短的成熟天數的花粉供體，雜交種的成熟天數可能會發生變化。後代在父母成熟日期之間的中間成熟。

當我提供混合動力車時，我會自由地公佈父母的身份。如果人們喜歡種子，他們可以為自己大量重新製作，或者從我這裡購買少量。玉米植株通常會產生大約 600 粒種子。很容易產生足夠的種子來種植雜交玉米田。

菠菜

自由菠菜雜交品種很容易。該物種產生雄性植物和雌性植物，並通過風授粉。要製作雜交品種，請並排種植兩個品種。在開花前從一種品種中剔除雄性植物。來自該品種的母本植物的種子是品種間雜種。其他品種保持純淨。

通過較小的尺寸區分雄性菠菜植物。雄花看起來很模糊，在植物頂部隨風搖擺。雌株較大。不起眼的雌花出現在植物的下部，靠近莖。

南瓜

南瓜雜種很容易製作，因為巨大的花朵很容易處理，而且花朵有雄性或雌性。

在花朵開放前一天晚上用夾子或膠帶封住花朵。雌花已經附著了一個小果實。保持花朵關閉可以防止昆蟲傳播花粉。早上，用雄花將花粉塗抹在雌花上。關閉花朵以防止蟲子進入。通過在花梗上系一條絲帶來標記水果。

菠菜开花

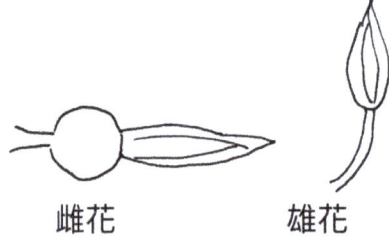

南瓜花

我真的很喜歡哈伯德和香蕉之間的自由職業者。作為植物育種項目，第二代以各種可能的組合結合了祖父母的特徵。從不同的父母開始是探索植物育種的絕妙策略。選擇你喜歡的。

製作南瓜雜種的另一種方法是不斷去除雄花，以便所有花粉都來自其他植物。

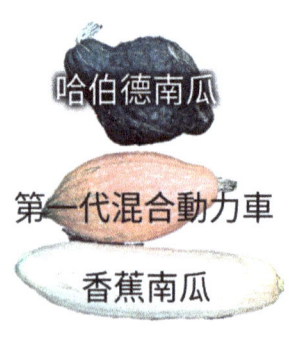

父母和雜交後代

通往勝利的道路,
不是與邪惡爭吵……

它正在做我們熱愛的事情。

5 創造地方品種

現代地方品種的產生要么是通過在許多品種之間進行初始大規模雜交，要么是通過不時添加新遺傳的緩慢而漸進的過程。

要開始育種工作，我建議主要使用傳家寶和開放授粉品種。一些混合動力車是可以接受的。

從其他地方進口具有遺傳多樣性的品種是用很少的費用試驗大量多樣性的好方法。在 100 粒種子的干灌木豆中，可能有 40 種不同的類型。一些家庭很可能在種植它的地方茁壯成長。

起始種子可能未在當地或地區進行調整。它們仍然可以成為遺傳多樣性的寶貴來源。一些種子公司提供混合品種，例如在同一個種子包中包含 5 個品種的蘿蔔。這是一種為本地品種增加多樣性的廉價方式。雜貨店的 15 豆湯混合物用作種子儲備時具有驚人的價值。

鄰居和當地農民種植的種子是寶藏。他們至少提前一年適應我們的條件。我喜歡從當地農貿市場購買的種子，那裡的農民只能出售他們農場種植的蔬菜。

由於細胞質雄性不育，我建議不要將雜交種用於培育當地品種的胡蘿蔔、捲心菜、西蘭花、洋蔥、甜菜和馬鈴薯。以下物種可用作雜交種：菠菜、甜瓜、南瓜和番茄。我建議進行常規篩選以剔除沒有花藥的植物。

附錄包含一個表格，根據物種轉化為當地品種園藝的難易程度對物種進行排名，並指出雄性不育是否在特定物種中很常見。

格雷克斯

格雷克斯 是一堆一起生長的品種。要創建 grex，請種植來自不同來源和品種的大約等量的種子。通常將 5-50 個品種的種子一起種植以進行原始的大規模雜交，這稱為 grex。

隨著時間的推移，grex 成為一種新的本地品種。人口通過適者生存和農民指導的選擇習慣於每個花園和每個地區。在我的干旱、陽光充足、高海拔的花園中被選擇茁壯成長的當地品種比在具有不同土壤、蟲子、疾病和耕作方式的遙遠氣候中生產的現成種子長得多。

在我的花園裡，大約 75% 到 95% 的新外國品種不能產生種子是很常見的。

增量變化

本地品種可能會逐漸出現，通過從今年倖存的種子中保存種子並種植收集的種子，然後在下一行種植新品種。如果新品種長勢良好，則將其種子添加到當地品種中。

版本 2（左側）
版本 3（右側）

本地品種可能從偶然的異花授粉開始。在我了解當地品種之前，我的 Burgess Buttercup 中出現了一種異型南瓜。果實一直是深綠色的。一個橙色的果實出現了。也許它是與 Red Kuri 自然發生的混合體。我不喜歡 Red Kuri 的味道，也不喜歡它的低生產力。新的混合動力車看起來很棒。它嘗起來很棒。這是富有成效的。有什麼不喜歡的？

因此，我重新種植了新雜交毛茛的種子，並停止種植 Burgess。我稱之為閣樓毛茛（我的毛茛的第 2 版）。

幾年後，霍皮·懷特從數百英尺外穿過毛茛。它為淺膚色貢獻了基因。我重新選擇了美妙的毛茛風味和毛茛形狀。我優先為新顏色重新種植種子。我沒有給它起一個新名字，我繼續稱它為 Lofthouse Buttercup（第 3 版）。

我的爆米花起源於純黃色爆米花和裝飾性多色麵粉玉米之間的自然雜交。我喜歡爆米花中的五彩核。這是一個我不會故意製作的十字架，因為重新選擇以獲得出色的彈出效果需要付出很多努力。

　　如果我不引入以後必須剔除的特徵，那就更容易了。我很小心，不要在甜椒旁邊種辣椒。我家有些辣椒長得很好。將它們與甜椒交叉，然後重新選擇甜的、非辣椒的，可能真的很有利。我不想創造額外的工作。

黃色彎頸南瓜

穩定性

　　我喜歡多色多形狀的水果。我也喜歡老朋友的安慰。當我創造一個彎頸南瓜本地品種時，我包括了大約十幾種彎頸。其中之一來自種類繁多的長島種子項目。早在我遇到這個想法之前，肯·奧廷格（Ken Ottinger）就在製作具有遺傳多樣性的異花授粉作物。

　　我希望我的黃色彎脖是完美的黃色，完美的歪脖子，就像我小時候的那些。我不在乎葉子是什麼樣子，或者植物是否是半蔓生植物而不是灌木叢。我選擇我看重的特徵，讓其他一切都是可變的。

我的甜瓜被選為網狀皮和橙色果肉。它們與蜜瓜同種,皮光滑,果肉綠色。我想要具有傳統外觀的甜瓜的懷舊情緒。我在不同的領域種植綠肉瓜,以防止它們交叉。

我將蘿蔔保持為"紫頂,白球"。我對添加其他顏色的蘿蔔沒有興趣。

我的本地品種可以有盡可能多的穩定性,或盡可能

穩定的甜瓜

紫頂白蘿蔔

多的可變性。我通常選擇不同的表型。有時我看重穩定性。

用玉米,我將數百種玉米混合在一起:來自南美的種族、來自北美的傳家寶、爆米花、甜玉米、燧石玉米、麵粉玉米。然後我重新選擇了每種類型。這些天,如果我在我的補丁中添加麵粉玉米,我只會將它添加到麵粉玉米中。我保持以軟核麵粉玉米表型為中心的穩定性。

記錄保存

一個對我來說非常有效的策略是作為藝術家而不是科學家來保存種子。我做了幾十年的分析化學家。我保留了詳細、細緻的記錄。我開始以科學家的心態培育植物。

每一種作物每年產生數百個種子包,以及許多頁的筆記和照片。這是壓倒性的和令人沮喪的。當我意識到我花在記錄上的時間多於成長時,我立即停止了記錄。如今,一種作物的所有種子都進入同一個罐子裡。數百個種子包變成了一瓶種子。這樣可以騰出時間在花園裡唱歌、跳舞和玩耍。作為一名藝術家,我喜歡做植物育種。

種子交換

在一次種子會議上,一位朋友的桌子上擺著 1000 種豆類。每個品種都被小心地隔離在一個單獨的容器中。她取笑我說:"約瑟夫還帶來了 1000 種豆子。"我舉起一個裝滿 1000 種豆子的石匠罐,雜亂無章。我一起種植、種植、收穫和烹飪它們。有些煮熟後會保持堅硬。其他人則軟化以製成濃湯。令人愉快的特徵組合。

豆類通常自花授粉。任何類型都可以與其他類型分開,並很容易轉化為栽培品種。

我種植的農作物主要是由既不會讀也不會寫的人馴化的。當我不做記錄時,我加入了一個比農業更古老的傳統。

我很高興放棄對名字和故事的執著。它讓我能夠與種子建立個人的、親密的聯繫。它幫助我更誠實地評估每種植物的優點,因為我不會因名稱或故事而有偏見。每一種關係在每一代人中都是新鮮的。

種子交換

種子交換是一種為當地品種增加遺傳多樣性的廉價方式。我不太關心特定品種的特定性狀。我尋求遺傳多樣性。然後植物和生態系統進行優勝劣汰。我不喜歡把甜玉米和麵粉玉米混合。在這樣的廣泛指導下，幾乎任何種類的種子都可以嘗試將其基因添加到我的本地品種中。

我可能只種植每個新品種的 10 粒種子。我可能會種植 5 到 100 個品種。我最終得到了很多剩餘的種子包。我經常在種子交換中贈送打開的包，或者用它們交換其他東西。

人們送我不需要的種子作為禮物。當我只想種一打時，他們寄給我 1000 顆種子。我收到的種子遠遠多於我的成長能力。它們不是本地適應的。它們不太可能在我的生長條件下存活下來。我不喜歡把它們扔掉，因為生命是寶貴的。很多時候，我會在交換時贈送這些種子。

我處理交換中多餘種子的另一種方法是打開種子包，然後將它們倒入罐子中。有時按物種，有時將許多物種混為一談。然後我在田裡種一撮那種種子，看看是否會出現任何令人驚奇的東西。可能散佈在農場的非耕地。每隔一段時間，一個物種就會建立或繁殖。它可能會添加到我的當地品種之一中。

人們寄給我很多本土種子。有時它們被列為"可能是異花授粉"。我喜歡這種交流！種子包中的父母種類越多，找到蓬勃發展的家庭群體的機會就越多。

如果我得到標記為"本地品種"的種子，那麼快樂、快樂、喜悅、喜悅。雖然它可能不適用於我的花園，但可能存在巨大的遺傳多樣性。一些家庭可能對當地生態系統感到滿意，並提供有用的遺傳信息。我連續多年種植荸薺豆，但沒有成功，直到霍莉·杜蒙 (Holly Dumont) 寄給我一包基因多樣的薺菜豆。其中約 20% 的人存活下來並種下了種子。這足以啟動當地品種豇豆育種項目。

珍妮弗的賽跑豆

這本書的 Beta 讀者是 Jennifer Willis。她住在我村。15 年來，她一直在種植適應當地的芸豆。在她發現我想要它們之後，我們交換了它們。她是從 UPS 人那裡得到的。

芓薺豆對我來說很珍貴，因為它們是我和爺爺一起收穫的第一批種子作物，當時我大約四歲。

鄰里交流

當地品種與它們生長的社區深深地交織在一起。我喜歡與當地鄰居交易。我可能會用一種干豆換另一種。我爸爸種植查爾斯頓格雷西瓜已經有幾十年了。它在他的花園裡茁壯成長。我經常向他要種子。

每年冬天，我都會拜訪我的常規貿易夥伴。我們比較筆記並交換種子。我把當地的種子帶到農貿市場。人們從他們的花園裡帶來種子來交換我正在種植的東西。我真的很喜歡這種交易。我的鄰居種植的適應當地的品種比來自遠處種植者的種子表現更好。

我定期與從事當地品種工作並生活在與我的生態系統相似的生態系統中的人們進行種子交換。我會種植他們寄給我的任何東西。我們有合作的歷史。

這種互助種子分享是當地品種園藝的核心。一個人可以保持當地品種。當它由社區維護時會好得多。

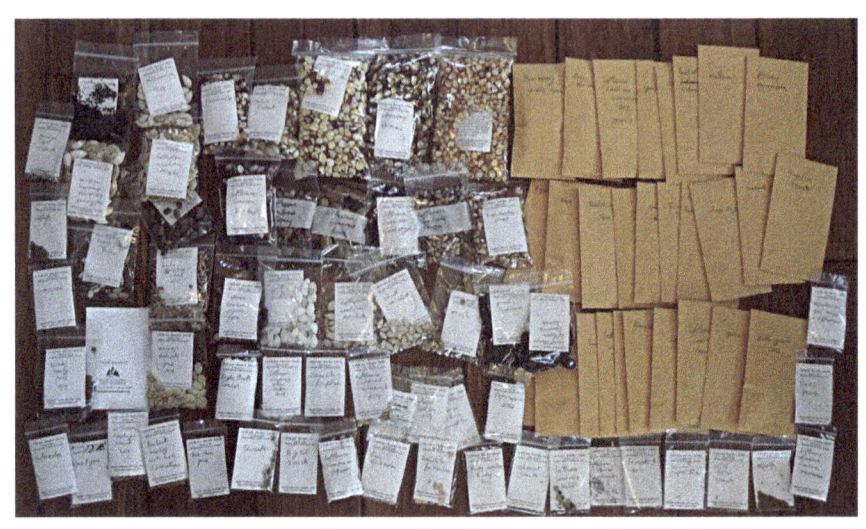

種子交換

種子庫 種子庫的

　　管理員有時會表達焦慮。"如果人們帶回來的種子被污染了怎麼辦？如果它們不純呢？"

　　對我來說，這應該是圖書館的寶貴品質，而不是值得害怕的東西。適合當地的種子在圖書館裡是一件很棒的事情！

　　我關於當地作物基因多樣性的策略是向人們全面披露他們得到了什麼。我不提供統一的、獨特的或穩定的種子，我經常清楚地說明這一點。我提供生物多樣性和當地適應。

令人敬畏的品嚐黃花菜

6 新方法和作物

用當地品種進行植物育種的神奇之處在於，我們能夠選擇適合我們的習慣和做事方式的基因。我們不必以一直以來的種植方式種植農作物。我們可以吃植物的不同部分。我們可以在一年中的不同時間種植它們。我們可以選擇適合農民習慣和做事方式的植物。

我知道紅豆豆在理論上是可能的。沒有紅莢豌豆種子出售。因此，我通過手動將黃莢豌豆與紫莢豌豆雜交來創建它們。一小部分後代是紅豆莢的。如果我要重新創建這個項目，我會更仔細地選擇父母，以盡量減少無關的特徵。例如，我會選擇都是雪豆的父母。

無意的選擇

種植植物和保存種子是無意或有意選擇在他們經歷的生長條件下茁壯成長的種群。我們可以刻意塑造人口，給我們想要的東西。我們可以隨心所欲，只得到無意的選擇。許多馴化作物的近親繁殖特性部分是由於農民無意中選擇了異花授粉。

植物的遺傳給它大約與環境的應對智慧。通過使用我們首選的方法種植它們，我們正在選擇使用這些方法生長最好的植物。

我回顧了在植物下方和上方廣泛使用塑料的種子生產操作。農民們不知道他們的方法選擇了用塑料種植時生長最好的植物。因此，當植物到達不使用塑料的客戶花園時，植物可能會失敗。這些植物缺乏其習慣環境的關鍵組成部分。如果種子種植者有意使用塑料，並宣傳這些植物需要塑料，那對使用塑料的客戶來說可能是一種祝福。我覺得不披露風險對他們的客戶不利。

農貿市場的一個朋友問為什麼她的西紅柿變髒了，而我的西紅柿保持乾淨。我沒有給她答案。下次我採摘西紅柿時，我注意到適應當地的西紅柿與市售西紅柿的葡萄藤類型不同。當我從西紅柿中拯救種子時，我不會從躺在泥裡的水果中拯救種

自潔西紅柿

子。我無意中選擇了具有拱形藤蔓結構的西紅柿,可以使果實遠離地面。西紅柿自己處理,沒有我的任何勞動或關注。

最近,我發現了一個番茄家族,它們長得像灌木,莖是木質的。我打算探索這個特徵。我在地上種植西紅柿,沒有架子,也沒有噴灑。對於潮濕氣候中的人們來說,種植番茄灌木使葉子保持在受疫病侵擾的土壤上方是明智之舉。

我觀察到西紅柿種植者使用各種肥料、噴霧劑、技術、棚架和勞動。通過這樣做,他們無意中選擇了需要這些昂貴投入的品種。

季節轉換

我們可以選擇在一年中與平時不同的季節生長的作物。我專注於選擇秋季種植時茁壯成長的作物。我希望春天的第一件事就是早收。在我的生態系統中,這樣的作物可以在沒有灌溉的情況下生長。在秋季、冬季和早春的寒冷天氣中，我們的大部分水分都會下降。

可能越冬並生產早春食物的耐寒作物包括：豌豆、生菜、蘿蔔、白菜、羽衣甘藍、菠菜、穀物、甜菜、蕓苔和野生物種。我在秋季季風來臨之前種植一年生植物。天氣篩選冬季抗寒性。某些物種和某些特定品種比其他物種更耐寒。通過選擇冬季抗寒性，我可能會選擇對夏季種植的植物有害的性狀。因此，我將本地品種分為秋季種植或春季種植的姐妹系。

在我的生態系統中，無需灌溉即可種植秋季種植的穀物。黑麥非常耐寒。許多品種的小麥都耐寒。燕麥和大麥對我來說並不可靠。通過選擇秋季種植時茁壯成長的穀物，我使我的耕作減少了對灌溉的依賴。我不太依賴於使加壓灌溉成為可能的政治和工業機器。唉，在整個社區中移動明渠灌溉水的 溝渠早已不復存在。

在我的生態系統中，黑麥是一種自種的野生物種。它不需要種植、除草或灌溉。只需收穫成熟的穀物。某些小麥或大麥品係可能適用於類似的處理。黑麥很高。它長得比雜草長。穀物是化感作用的。他們毒害其他植物。它們整個冬天都在生長，因此在競爭中勝過春季發芽的一年生植物。

小麥在高度上有很多多樣性。如果打算種植野生小麥，我會種植可用的最高品種。它們能更好地長出雜草，並最大限度地減少收穫期間的彎腰。

有許多二年生和多年生植物在早春生產食物。我選擇了可以在沒有保護的情況下越冬的歐洲防風草、蘿蔔、甜菜、胡蘿蔔和太陽根。甜菜可能適應秋季種植。

繁縷產生早春蔬菜。我很想把它從一年生自我播種變成一種特意種植的作物。已經在這裡繁衍生息了。它像雜草一樣生長！通過觀察和適度的努力，它可能成為一種重要而可靠的糧食作物，因為它生長在極冷的天氣中。

在溫暖的氣候中，可以通過在一年中物種的主要捕食者和疾病不活躍的時候種植來改變季節。短季南瓜的生長可能比正常情況早或晚，而不是全季南瓜生長，從而避免病蟲害或天氣模式的季節性。在地裡種植作物的時間更短意味著可能出錯的事情更少。

在美國農業部 8 區或更溫暖的地區，我建議在秋季種植蠶豆。

通過選擇耐霜的普通豆類，我將季節提前了三到四個星期。收穫期因早季作物和主季作物而擴大，最大限度地減少了收穫的匆忙。較早的收穫在秋季季風開始之前成熟，這可能會損害主要作物。

季節轉換可用於開發在溫室、冷框架或附近景觀特徵（如巨石、圍欄或牆壁）中茁壯成長的品種。

獨特性狀

種植當地品種提供了許多影響植物或動物表型的機會。細心的園丁可以注意到與其他植物不同的物理特徵。獨特植物的後代很可能帶有獨特的性狀。

如前所述，在 1880 年代，我的曾曾祖父注意到大田裡的一株小麥植物比其他植物生長得更旺盛。他分別收穫了種子，並將它們種在了他家的花園裡。最終，他的小麥成為猶他州北部和愛達荷州南部種植最廣泛的小麥。

裝飾番茄花

我喜歡混雜番茄項目中巨大的、色彩鮮豔的花朵。我優先選擇大膽的花卉展示。我夢想著銷售專門用於花園的西紅柿。我希望選擇果味番茄和普通番茄風味。布萊克！

當大約 5% 的幼苗在晚春霜凍中存活下來時，耐霜豆項目就開始了。第二年，我提前一個月種下了他們的種子。他們中的許多人倖存下來。我已經重複了很多年。該品種比普通豆類更耐霜凍。在使植物適應當地條件時，5% 的存活率是很大的可能性。

向日葵（耶路撒冷朝鮮薊）和一年生向日葵是可以相互雜交的不同物種。 太陽根 有大的、可食用的多年生塊莖。一年生向日葵產生大種子。他們之間的雜交是肥沃的。選擇的可能性對我來說很有吸引力。如果我們在同一植物上選擇巨大的、可食用的根和巨大的種子怎麼辦？對於永續農業而言，這是多麼令人愉快的作物。

太陽根花很晚。為了雜交，我可能會嘗試每 10 天種植一次一年生向日葵，以嘗試讓開花時間對齊。也許向日葵花粉可以通過乾燥和/或冷凍來儲存。雜種的子葉與任一親本不同。

在關於糧食安全的章節中，我討論了多年生向日葵生產大塊莖和大量大種子的可能性。

模糊的南瓜果實

在我的南瓜育種項目中，我注意到南瓜果實是模糊的。他們覺得超級奇怪。他們讓我著迷。如果鹿真的不喜歡毛茸茸的感覺並且不吃水果怎麼辦？如果壁球蟲因為絨毛而無法進食或產卵怎麼辦？我很高興探索各種可能性。

我最獨特的甜瓜生長在我所謂的灌木叢中。它具有非常短的節點間。對於在陽台上或空間有限的高架床上生長的人來說，這將是很棒的。我將它種植在距離我的常規甜瓜約 100 英尺的地方，以保持兩個種群的大部分分離。

緊湊型甜瓜

我的莊稼在寬闊的粉質壤土鹼性土壤中在充足的陽光下生長。我的莊稼已經自我選擇在這些條件下茁壯成長。在其他地方，作物的遺傳可能會轉向偏愛帶有酸性沙質土壤的陰涼花園。我不會試圖改變我的土壤。改變植物的遺傳比對土壤進行長期改變要容易得多。

我種植多年生小麥和黑麥。它們起源於馴化穀物和野草之間的種間雜種。多年生植物使它們比一年生物種具有很大的優勢。種植農作物是件好事，並且知道它會自生自滅，而無需農民的持續關注。

我最喜歡的水果之一是用種子長成的梨。綠色水果的皮是苦的。成熟後苦味消失。苦皮的好處是昆蟲不會吃綠色水果。這使得在沒有作物保護化學品的情況下種植有機梨成為可能。

我種了一朵巨大的向日葵。它有 12 英尺 (4 m) 高。我選擇直接面向地面的頭部。鳥兒抓不住腦袋吃種子。我還選擇與頭部和彼此鬆散連接的種子。這讓我可以通過戴手套的手在田間收穫種子。當我收穫整個頭部並試圖在涼爽/潮濕的秋季天氣中乾燥它們時，我遇到了黴菌問題。自由脫粒的向日葵種子攤開在一張紙上時會很快變乾。

黃瓜

黃皮黃瓜出現在我當地的品種中。味道清淡細膩。到目前為止，它們是我遇到的最好吃的黃瓜。它們在乳酸發酵或醃製時非常棒。他們是小果。我目前正在探索人口，看看是否可以增加水果大小。在這種情況下，具有較大果實品種的自由雜交可能是值得的。

仙人掌是一個具有開發新型作物的巨大潛力的家族。果實或葉子均可食用。也許可以開發出一種可食用的花。我認為家庭更像是一個複雜的物種，而不是離散的物種。有很多機會可以在仙人掌中發現令人興奮的新作物。例如，一些小果種的果實上沒有刺！什麼？沒有刺的仙人掌果實！！這將是一個值得探索的美妙特徵。也許我們可以選擇更多的較大的水果。

可食用的仙人掌葉

仙人掌果實真的很好吃。十多年前，我種了一堆仙人掌種子。他們中的大多數冬天殺死了第一個冬天。有些人在外面倖存至今。它們是我吃過的最美味的水果之一。它們有小刺，所以我通常把它們切成兩半，然後用勺子把裡面舀出來。一個朋友用火焰燒掉了刺。

可食用的仙人掌果實

我種植了仙人掌的一個品種，它被稱為無刺。它有小鉤針，但沒有大刺。我通過在草坪的草地上擦掉刺來準備食用。我知道有人會切除含脊椎的乳暈。

一位鄰居在一個大花盆裡種了一株不耐寒的仙人掌，它被移到裡面過冬。在夏天，她把它移到外面，收穫嫩葉作為食物。

新方法和作物

7 混雜授粉

混雜授粉對當地品種的長期生存至關重要。有些物種非常混雜。其他物種大多是自花授粉,偶爾雜交。

混雜授粉重新排列植物的遺傳。改變遺傳學使生命能夠適應生態系統或農業實踐的變化。

高度本地化

授粉是高度本地化的。一朵花最有可能被最近的相容花授粉。我們將不同品種間種的距離越近,它們雜交的可能性就越大。我通常將勉強雜交的品種混在一起播種,以獲得盡可能多的雜交。

花粉流高度局部化

授粉的數學是二次的,這意味著將兩朵花之間的距離加倍會將異花授粉的機會減少到四分之一。將距離增加十倍會使異花授粉的機會降低一百倍。

花間花粉流動的數學適用於任何規模。它適用於胡蘿蔔繖形花序中的單獨花朵,就像它在同一植物的繖形花序之間一樣。它適用於同一斑塊內的不同植物,以及同一地塊內的不同斑塊。

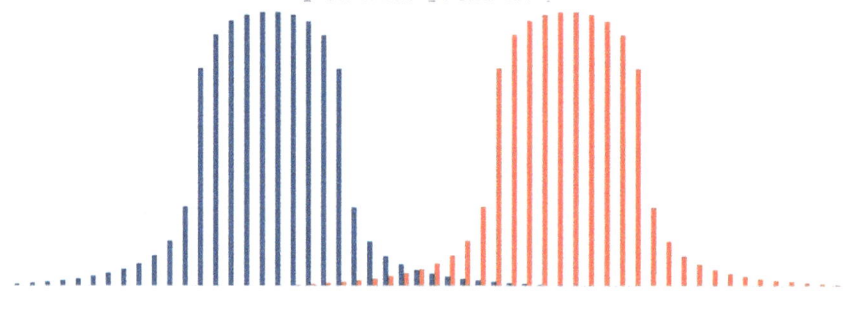

斑塊之間的花粉流動
3米長的排，間隔3米

連續花粉流

對授粉的高度局部性的認識使我們能夠設計種植園，以最大限度地減少授粉以保持隔離距離，或最大限度地提高授粉以鼓勵雜交。

純度和隔離距離

人們表達了對保存種子的恐懼。如果他們疏忽隔離距離怎麼辦？如果一個品種被污染了怎麼辦？近親繁殖抑鬱症怎麼辦？如果種子是雜種怎麼辦？毒藥和變形怪物植物呢？我的回答是，這些事情無關緊要。

關於種子保存的基本知識是植物會產生種子。它們可以收穫和重新種植。對於植物育種，請補充說明後代類似於他們的父母和祖父母。有時一個特徵會跳過一代。

植物育種的大秘密

植物製造種子。
後代類似於他們的父母和祖父母。
有時一個特徵會跳過一代。

種植遺傳多樣性的種群極大地簡化了種子保存。它減少了對植物純度和隔離距離的擔憂。擔心純度是節省種子的最大障礙之一。保持純潔會導致近交衰退。我不太擔心隔離距離或保持品種純淨。當栽培品種彼此異花授粉時，植物更強壯。如果哈伯德南瓜和香蕉南瓜異花授粉，後代仍然是南瓜。它們長得像南瓜，看起來像南瓜，煮起來像南瓜。當兩個偉大的品種雜交時，後代就會繼承偉大。

早在 40,000 年前，人們就開始馴化植物。絕大多數不受歡迎的性狀已從馴化作物中消除。我沒有觀察到雜交植物會變成有毒的突變體。當兩個高度馴化的品種雜交時，後代也同樣高度馴化。後代的性狀融合了親本品種的性狀。

有時我會與野生的、不太馴服的父母雜交。我希望融入更多的多樣性。偶爾在這些雜交中，我會發現有毒果實或其他不良特徵。甜瓜、南瓜、黃瓜、豆類和生菜的毒藥表現良好。他們嘗起來很糟糕。可怕的味道是植物產生毒藥的一個很好的跡象。茄屬植物的味道可能不錯，但毒藥讓我想嘔吐。

我種了一個"口袋瓜"，這是一種帶有香水味的小哈密瓜。在保存種子之前，我會品嚐每一種水果。口袋裡的瓜難吃！瓜子裡的毒嘗起來很可怕。我丟棄了全年的種子作物。我不能冒險在哈密瓜中引入毒藥。

當我從野生西瓜中引入遺傳學時，出現了"爆瓜"特性。如果在陽光下被推擠，水果就會裂開。逐漸選擇在幾年內消除了該特徵。

我認為茶花豆是半馴化的。我的原始菌株具有我稱之為"硬種子"的特性。大約 10% 的種子在浸泡時不會吸水。它們需要數週或數月才能發芽。我通過預先浸泡種子來消除這種特性，並且只種植那些立即吸水的種子。野生西瓜帶來了與他們相同的特性，它會自我淘汰。西瓜在我家是全季作物。需要很長時間才能發芽的植物在霜凍前不會繁殖。

這些天，如果我選擇種植馴化作物的野生祖先，我會在一個單獨的田地裡種植幾年。這確保它們不會引入不幸的特徵。一開始就讓他們孤立起來，而不是在以後消除一個特徵更容易。

我把辣椒和甜椒分開。我不在乎甜椒長什麼樣。只要不燙手，它可以是任何形狀、任何顏色或任何尺寸。在我的花園裡，最重要的甜椒特性是"必須結出果實"。

對於大多數近交作物，如普通豆類和穀物，我認為它們相距 10 英尺（3 m）。對於大多數異交作物，我認為它們相距 100 英尺（30 m）。我觀察到在那個距離大約有 1% 到 5% 的交叉。

不同時期開花的作物不會異花授粉。早熟和晚熟的玉米可以彼此相鄰生長，無需擔心交叉。這就是我在同一塊田裡種植麵粉玉米和甜玉米的方式。

同樣，近交衰退僅在嚴格隔離栽培品種時才會出現問題。如果新基因定期到達，種群中有多少植物並不重要。新基因的流入抵消了近親繁殖造成的基因損失。

我想知道"最小父母數量"的建議是否是大型種子公司阻止人們保存種子的詭計。為全世界種植種子作物所需的標準與為當地社區種植當地食物所需的標準大不相同。我不會建議從多少植物中拯救種子的神奇數字。盡可能多地為您和您的社區保存種子。選擇時要大方。如果一個品種失去活力，讓它與其他東西交叉。

我不在乎我種植的東西是否有百分之幾的偏差。我是手工收割的。做飯前我手裡拿著每一種蔬菜。如果我不喜歡它，我會將它堆肥或餵給動物。

異

交 異花授粉品種更快地適應當地的生長條件。基因的頻繁重排可以快速選擇在當地條件下茁壯成長的家庭。

玉米是風媒傳粉的。玉米花粉比空氣重，很快就會掉到地上。在我的田地中，平均風速為每小時 10 英里，玉米花粉在 25 英尺（8 m）範圍內下降到絲線以下。

如果遇到風暴的湍流，玉米花粉可以傳播數英里。與本地花粉的數百萬粒相比，外來花粉的隨機粒幾乎沒有影響。大多數玉米花粉大部分時間大致垂直落下。當我不經意間在一片白玉米中種下彩色玉米種

1 m 間隔處的最小異花授粉

子時，來自帶有彩色玉米粒的植物的花粉將白色玉米棒上的玉米粒染上顏色。大多數異花授粉發生在 3 英尺 (1 m) 以內。

我利用授粉的局部性質來種植姐妹系。我可能將紫玉米一起種植在一塊，然後將旁邊的白色玉米種植在一塊，然後將黃色玉米種植在白色旁邊。收穫時，白色塊會主要生產白色玉米棒，塊的一側有一些紫色的穀粒。一些黃色的內核出現在塊的另一邊。在這個系統中，黃色和紫色之間幾乎沒有交叉。這種方法允許保存不同的表型。

我在一排的一端種植綠色南瓜，另一端種植橙色南瓜。然後橙色南瓜主要自我授粉，綠色南瓜主要自我授粉，保持兩個品種。一些交叉發生在補丁的中間。

主要自交

主要自交的作物更可能自花授粉，而不是異花授粉。花朵的形狀有利於自花授粉而不是雜交。由於遺傳混合速度緩慢，大多數自交作物適應當地條件的速度較慢。緊密間種主要自交的作物可以鼓勵雜交。

進口自交品種立即進行優勝劣汰。豆類大多是自給自足的。大多數豆類品種不適合我的花園。他們第一年就失敗了。我估計我種植的每 10 個普通豆類中，有 9 個不會產生明年要種植

的種子。對於西紅柿，在植物被秋季霜凍殺死之前，只有大約 20 個品種中的 1 個能結出成熟的果實。在以後的幾年裡，豆類和西紅柿作為近親繁殖品種與其他近交品種混合在一起。

馴化普通豆類的自然異花授粉率在 0.5% 到 5% 之間。這對於自然選擇來說已經足夠了。觀察自然發生的雜交種並優先種植它們可以加快當地的適應。

即使沒有有意選擇雜交豆類，雜交的後代也往往會更有生產力，因此會比近交品種產生更多的種子。種群將不經意間轉向偏向於更多異交的品種。

進行人工雜交會混淆主要自交作物的遺傳學。在接下來的兩到四代中，混合的基因會重新排列成新的組合。其中一些組合可能很好地適應了當前的生長條件。在安迪·布魯寧格 (Andy Breuninger) 送來手工生產的三葉草雜交種之後，我當地的三葉草豆真正茁壯成長。他做了小規模的十字架。一些雜交種子大大增加了我的茶綠豆的種皮顏色。

由於更多的授粉媒介，在花園和周邊地區保持健康的生態系統會增加異花授粉。當許多植物物種在其整個生命週期中為它提供食物時，傳粉者種群會更健康。

我歡迎所有種類的植物來到我的農場和周圍的荒地。一旦他們建立起來，我就稱他們為"本地人"。當我親眼觀察植物時，我不知道它們起源於何時何地。我觀察所有提供豐富生態系統服務的植物，例如生物量、花粉、花蜜和庇護所。

茶綠豆，在進行雜交之前s

茶綠豆，雜交後

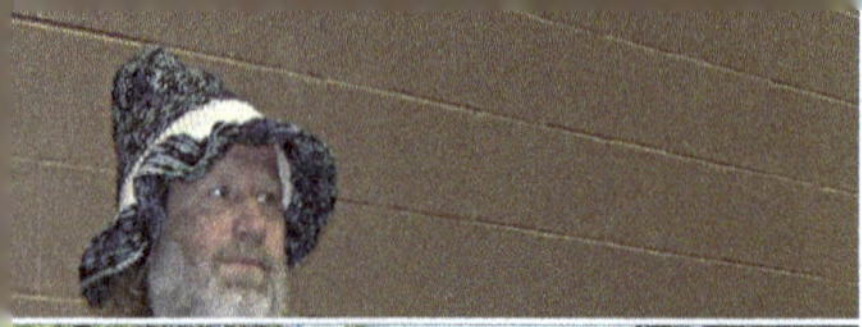

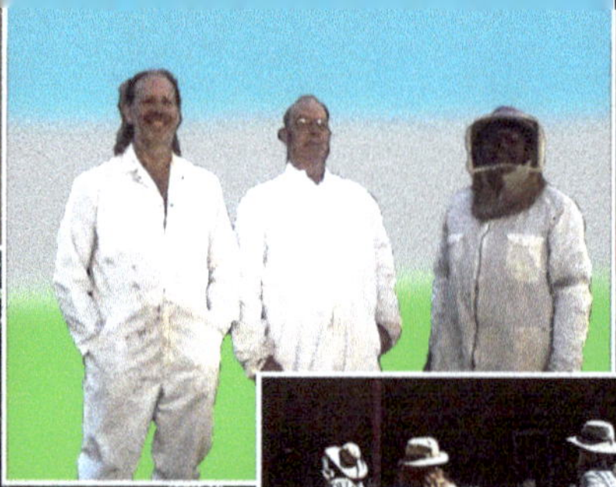

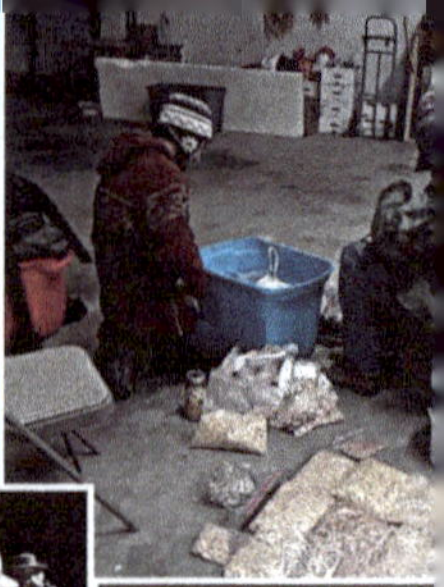

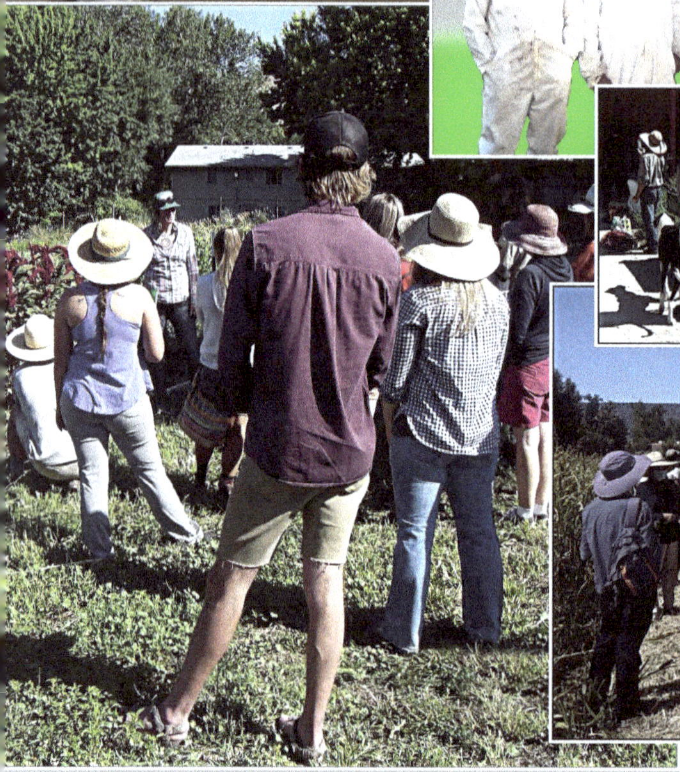

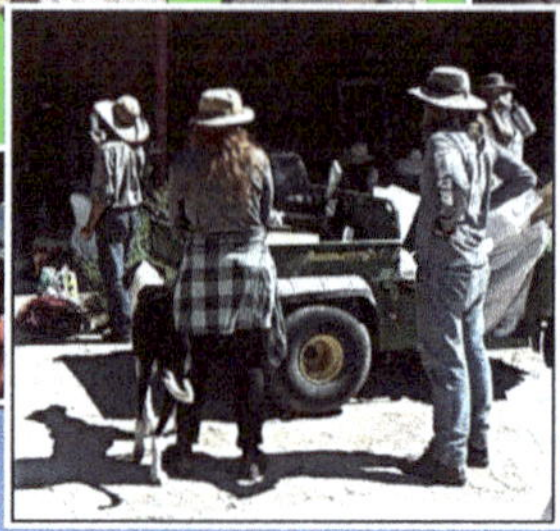

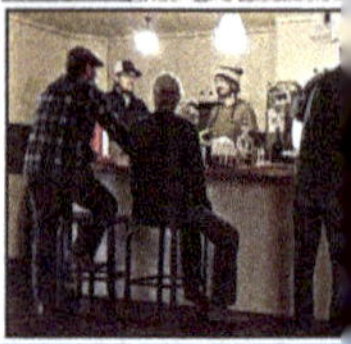

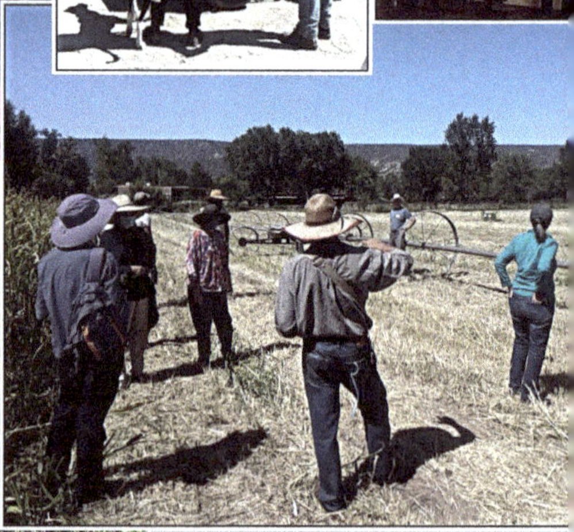

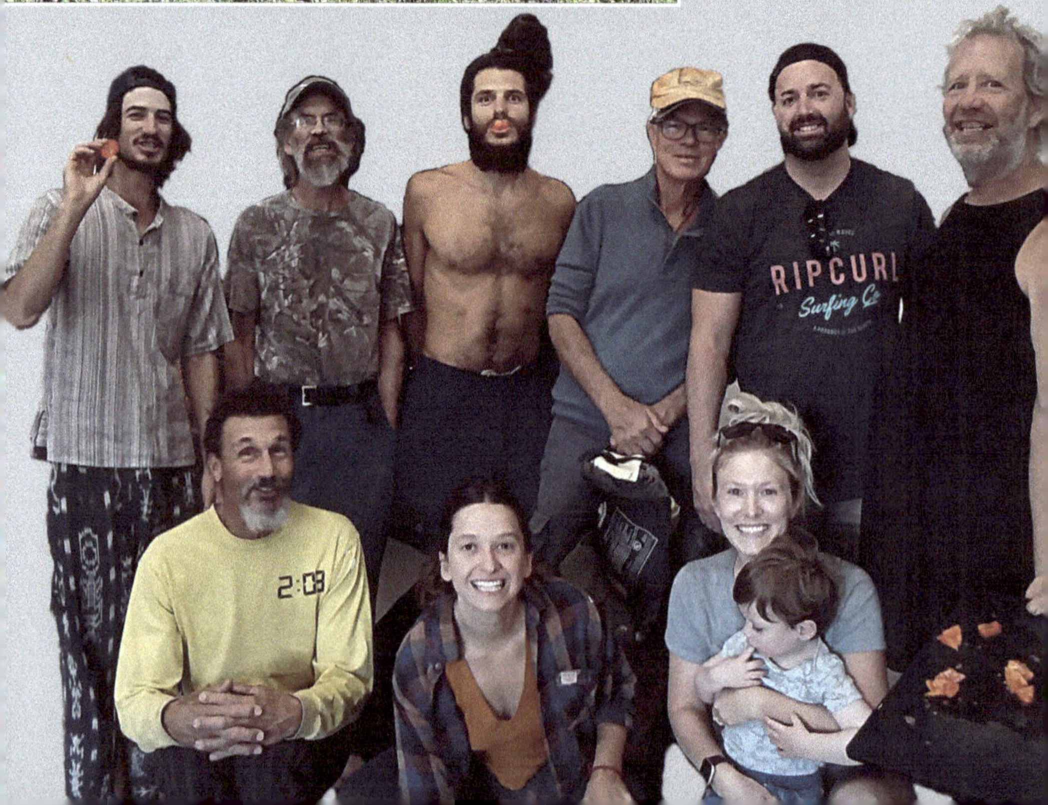
RIPCURL
Surfing Co
2:03

8 糧食安全

社區

最終的糧食安全來自於生活在合作社區中。我們越是在社區內本地化我們的食物資源，我們就越安全。維持當地的糧食和種子網絡可提供安全，免受全球和區域糧食供應中斷的影響。

糧食生產和糧食消費之間的中介越少，糧食系統就越安全。最安全的食物系統是社區的每個成員都以某種方式為社區的食物生產做出貢獻的系統。

貢獻可能是在農貿市場購買食物，或允許園丁在空地上種植食物。它可能是用當地產品製作泡菜或泡菜。醫生辦公室可以種植西紅柿而不是不可食用的灌木。

我當地的食品合作社提供社會福利來養活我的靈魂：撫摸、唱歌、跳舞、擊鼓、慶祝。最甜蜜的事情之一是在去年夏天在農場種植的一年一度的種植慶典上分享食物。這種食物是用種子種植的，是在上一次種植慶祝活動中種植的。

我種了很多種類和種類的食物。我吃的大部分食物都是我自己不生產的當地食物。我餵社區蔬菜。他們餵我其他類型的食物。

我不烤。我把食物送給當地的麵包店。他們給我麵包。我把蜂蜜送給獵人。他送給我鹿肉。漁夫給我魚。

當一段關係出問題時，我失去了種子，我的本地和互聯網社區將它們還給了我。

近親繁殖與多樣性

最近的農業歷史表明，由於害蟲克服了植物的防禦能力，然後在短時間內廣泛傳播而導致作物歉收。這種類似野火的病原體傳播是由於受影響作物的遺傳一致性。由於天氣原因，類似的故障也會發生。通過保持物種內部和物種之間的廣泛遺傳多樣性，使用當地品種進行園藝可以避免這些問題。

1970 年玉米枯萎病之後，美國國家科學院警告說，由於基因的一致性，美國的作物"非常容易"失敗。從那時起，統一趨勢加速了。由於農業機械化程度的提高，我預計這種趨勢將在大型農業領域繼續發展。

小規模種植者中出現了相反的趨勢。尋找遺傳多樣性作物的原因因園丁而異。有些人正在尋求更廣泛的口味。其他人喜歡令人興奮的顏色。有些人想要更高的營養成分。

我種植具有遺傳多樣性的當地品種主要是因為它們的可靠性：這些植物不太容易受到完全作物歉收的影響。我從我的食物中獲益，而不是看起來或嘗起來乏味乏味。我用手收割。我沒有從一致性中受益。

克隆

通過克隆種植的作物特別容易遭受大規模的作物歉收。一種克服一個克隆防禦能力的害蟲可以超越整個種群。我避免種植克隆以支持混雜授粉的作物。我通過從種子中種植傳統克隆作物，而不是克隆來擴大我花園中作物的生物多樣性。

馬鈴薯

大多數商業馬鈴薯品種是不育無性系。他們無法生產種子。我嘗試了許多品種，以找到一些能產生可行種子的品種。我停止種植非結果實品種。通過用混雜授粉的種子種植馬鈴薯，我將馬鈴薯飢荒影響我的山谷的風險降至最低。我們這些參與這項工作的人說，我們正在種植"真正的馬鈴薯種子"。Cultivariable 的 William Whitson 是獲得真正馬鈴薯種子的絕佳資源。

向日葵的根

向日葵的根 對我來說是一種糧食安全作物。它們像雜草一樣生長。它們在我的生態系統中茁壯成長。這裡的土壤就像它們自然棲息地的粉質壤土（只是比香蒲生長的地方更乾燥）。

我每年收穫幾蒲式耳的曬根,用於食用和與種子管理員分享。他們中的大多數留在地下。

太陽根很好地儲存在地下。我可以在 10 月到 4 月期間收穫它們,只要地面不結冰。我從沒抓到過偷曬太陽的人。它們很難挖掘,大多數人並不認為它們是食物。 向日葵的根 是山地人的作物,年復一年地生產食物,即使它在任何特定年份都沒有收穫。

最大的野生向日葵根

我從種子中培育出基因多樣的太陽根。 向日葵的根 通常作為克隆生長,它們是自交不相容的,因此不會結籽。我的太陽根多產地播種,因為無關的個體相互混雜授粉。

我用來自堪薩斯州的野生菌株雜交了家養的太陽根。我重新選擇了很棒的塊莖。國內的壓力是多節的。在廚房裡很難使用。污垢會嵌入旋鈕之間。我選擇了大的無節塊莖。

異花授粉作物可以適應我的花園。我每年種植大約 50 株向日葵的根 幼苗,歷經三代。為生長最好的克隆選擇每一代。他們在下一代之前相互異花授粉。

每年,我節省了大約 15% 的新品種。我現在將它們作為克隆進行種植。克隆永遠是克隆。我的 向日葵的根 克隆比市售克隆更適合我的生態系統和烹飪需求。我可以隨時重啟育種項目。因為我種植了一個混雜授粉的種群,所以每年都會形成新的種子。其中一些可能正在發芽並創造新的品種。

金翅雀喜歡曬根種子。為了收集大量種子,我要麼在花瓣掉落後不久收穫,要麼在種子頭上放一個網袋。

我們通過在湯、烤肉和炒菜中加入少量來烹飪太陽根。對於不習慣吃益生菌的人來說,它們是出了名的。小劑量有助於避免脹氣。我們在牛奶中煮太陽根,然後混合製成湯。我們對它們進行乳酸發酵。

大蒜

大蒜基因組遭受的單一栽培克隆比馬鈴薯更嚴重。大多數克隆無法製造種子。

真正的大蒜種子

我們從中亞的天山山脈中獲得了野生祖先。他們保留了製造種子的能力。我們正在創建新的克隆以供立即使用。從長遠來看,該項目可能會生產本地品種的混雜授粉大蒜。我們說我們正在種植"真正的大蒜種子"。

大蒜在繖形花序中有球莖和種莢。球莖往往緊緊地生長在一起並壓碎花莖。為避免這種情況,我們在花朵開放後立即去除球莖。有些品種的球莖連接鬆散。其他球莖牢牢附著。我選擇被推擠時容易脫落的球莖。有些植物可以在不去除球莖的情況下成功地製造種子。

紫色條紋品種與祖代大蒜的關係最密切,也最有用。

通過冬季播種的方法種植大蒜是最可靠的。有些種子未經冷處理就發芽了。我喜歡那些品種。從長遠來看,我想像洋蔥一樣將大蒜作為春季播種的一年生植物。

第一代大蒜種子的發芽率約為 5%。通過一代又一代的種子生長,我們正在選擇更容易產生種子的品種。

Garlicana 的 Avram Drucker 是獲取能夠產生真正種子的大蒜品種的絕佳資源。

樹木

　　克隆樹木很常見。由於品牌認知度和一致性，這是有利的。從食品安全的角度來看，這是危險的。由於害蟲克服了防禦機制，它面臨著系統範圍內作物歉收的風險。阿拉比卡咖啡和卡文迪什香蕉是全球分佈的樹木作物，受到即將到來的全系統失敗的威脅。它們是將食物系統建立在克隆基礎上的危險的例子。

　　為了最大限度地保證糧食安全，我建議從種子中種植可生產糧食的樹木。這允許本地適應。它具有抵禦病蟲害的能力。在本書的後面，我用一個小節來討論種子種植的樹木。

全季種植

　　種植不同的物種允許在一年中的不同時間收穫。在所有季節種植糧食可增強糧食安全。種植不同類型的作物允許使用不同的儲存方法。在室溫下將壁球儲存在乾燥的架子上。塊根作物最好存放在涼爽、潮濕、黑暗的地方。春季果嶺非常適合戶外覓食。

　　我的一位鄰居在八月中旬種了菠菜。它作為幼苗越冬。在春天，在其他人甚至沒有考慮播種之前，它就可以食用了。

蘑菇

　　蘑菇非常適合為家園增添多樣性。它們通常在大雨期間結果。那個時候花園太泥濘了，不適合工作。蘑菇覓食時間！

　　我只在戶外種蘑菇。我不願意為了室內種植而嘗試對所有東西進行消毒。我做了幾十年的化學家。消毒對我來說並不令人滿意。我在情感上和哲學上都不喜歡它。而且工作量太大了。

　　我的基本方法是將任何丟棄的蘑菇片混合在用來清洗它們的水中。將泥漿倒在合適的生長材料上。

胡蘿蔔在地裡過冬

蘑菇在種植到合適的棲息地時會自生自滅。收穫包括在潮濕天氣期間或之後立即檢查它們。

本書後面有一節是關於種植蘑菇的。

春天的綠色蔬菜

種植 裙子。它是多年生植物,是我春天最早收穫的蔬菜。在夏天和秋天,我不在乎它的味道。經過一個沒有蔬菜的冬天,裙子是一種特殊的享受。對我來說,蒲公英只有在天氣炎熱之前從陰涼處種植的植物中採摘才能食用。

雪融化兩週後,埃及洋蔥就可以收穫了。它們是春天的第一件事,是一種滿足靈魂的食物。我整個夏天都把它們當大蔥吃。在我的生長條件下,他們在整個生長季節都提供大蔥。

羽衣甘藍、捲心菜或抱子甘藍可能越冬。早春生產的蔬菜是一年中最甜的。

塊根作物根

我種植在冬天留在地下的太陽、胡蘿蔔和蘿蔔。知道只要地面不結冰我就可以挖掘它們,我感到很欣慰。秋天我可能會在它們上面放稻草以減少結冰。

根地窖儲存在黑暗、潮濕條件下生長最好的作物。我爺爺的地窖是地窖裡的一個洞,裡面放著幾桶土豆。他用木板和稻草蓋住它。

種子

節省種子會產生比種植所需的更多的種子。許多類型的種子既可以單獨食用,也可以添加到麵包、炒菜或湯中。

香料攪拌機可以將種子轉化為可食用的麵粉。新鮮準備的芥末香料很棒。

多物種多樣性多樣性

除了保持物種內的生物外，我們還可以通過種植更多物種來增加花園的多樣性和可靠性。我不只種植普通豆類，而是種植蠶豆、豌豆、冬豌豆、荸薺豆、Lupini、tepary、豇豆、鷹嘴豆、利馬豆、扁豆、胡蘆巴、苜蓿和草豆。一種疾病、寄生蟲、雜草、昆蟲或天氣模式不太可能同時戰勝所有物種。

一些豆類喜歡炎熱/潮濕的天氣。有些在炎熱/乾燥的天氣中茁壯成長。有些是耐霜凍的或耐寒的。由於它們之間有許多偏好，無論天氣如何，某些品種或其他品種都可能蓬勃發展。

我可能不喜歡某些替代物種的味道。在生存的情況下，我會吃它們，並愛它們。無花果葉葫蘆果肉白色，種子排列如西瓜。味道清淡。它似乎不受南瓜蟲和疾病的影響。它的種子很大，可以食用。

覓食

穀物、蘑菇、樹木和藥材是可以種植到荒地並根據需要收穫的物種。許多荒地物種可用作食物。將它們用作食物來源就像關註生長地點和時間一樣簡單，然後在適當的時間檢查它們。我喜歡為自己製作收穫模因，如下所示。

- 當草長 6 英寸時檢查羊肚菌。
- 在布萊斯生日那天檢查杏樹林。
- 兩週前雪融化了，摘洋蔥。

雜草對糧食安全很重要。它們比任何可以從遠處購買的東西更適合當地。我吃的野羊肉比生菜還多。我吃的野生牡蠣蘑菇比商店買的鈕扣蘑菇要多。

9 維護本地品種

本地品種作為社區努力最容易維護。最好和最強的當地品種是在當地或區域社區廣泛種植的品種。

我經常和鄰居交換種子。這讓我可以利用他們對我們山谷所做的本地化。我比其他人更了解一些鄰居的做法。一些鄰居是長期合作者，我完全信任他們的種子並大量種植。我對其他鄰居一無所知。我把他們的種子當作外來種子，限量種植或半隔離種植。

Ogden Seed Exchange 是我分享和獲取適合當地的種子的最重要場所。交換的政策是"僅限本地種子"。

我認為，作為一名農民，我有責任為我所餵養的人們最需要的作物維持健康和繁榮的當地人口。我這樣做的協議是：

- 與鄰居交換種子。
- 偶爾添加新的基因。
- 每年種一些較老的種子。
- 培養足夠大的種群以保持多樣性。
- 在選擇時要自由。
- 優先考慮自然發生的雜交種。

添加新遺傳學

我不時地向我的本地品種添加少量新品種。我稱它們為外國品種，因為它們不是來自這個地區。新材料中可能有些東西正是我的花園所需要的。如果他們做得好，我可能會從他們那裡保存種子。如果他們做得不好，他們可能會貢獻花粉。我每年種植多達 10% 的非本地適應種子，而不必擔心它會嚴重影響我的本地適應品種。

新基因的不斷流入最大限度地減少了近親繁殖的衰退。它使有效人口規模保持在較高水平。它可能會帶來有用的基因。

保留較舊的遺傳學

每年我都會在種植中加入前幾年的種子。我這樣做是為了避免人口的遺傳平衡因一個奇怪的生長季節而發生根本變化。這有助於保留在較熱或較冷的生長季節以及較潮濕或較乾燥的季節中生長良好的植物。這顆種子占我收成的 10% 到 30%。

偏好更大的種群

種子保存和植物育種的最佳實踐是保持更大的種群以避免近交衰退。我不打算指定人口規模。只是不要一代又一代地重新種植一顆種子。

從歷史上看，大量人口是通過作為一個社區共享種子來維持的。種群規模等於社區所有花園中種植的所有植物的種群數量。種植前幾代的種子會增加總人口規模。將小花園和大花園的種子結合起來會增加總人口規模。

我不擔心高度多樣化的作物的種群規模。這主要是已經近交的異交品種的問題。

在主要自交的物種中，活力的喪失並不明顯。我們將它們與已經患有近親繁殖抑鬱症的同齡人進行比較。

我喜歡種植雜交豆。他們精力充沛，精力充沛。幾代人以來，它們是花園中最旺盛的。然後他們恢復到基線近交並失去活力。

保存種子的文獻充滿了關於種植大量植物以避免近交的規則。這些建議適用於高度近交 8 至 50 代的作物。當地品種的高度多樣性將近交衰退的風險降至最低。

空間有限的園丁可以按照本章中的指導在有限的空間內種植旺盛的種子。

我用來在有限的空間內保持大量人口的一種技術是密集種植。例如，我將 10 到 25 株番茄植株種植成一叢。或者我種植一排西紅柿，間距為 6 英寸（15 厘米）。

自由

選擇 自由選擇意味著從不同大小、形狀、顏色、質地、風味和成熟日期的植物中保存種子。我從生長良好的植物中保存了大量種子，而從掙扎的植物中保存了較少的種子。我從生產美味食物的植物中保存的種子比從味道較差的植物中保存的種子多。如果食物是可食用的，則它是種子保存的候選者。這允許種群在保持遺傳多樣性的同時變得本地化。多樣性使種子能夠適應不斷變化的氣候、蟲子、土壤和農民的做法。

優先

雜交 如果我注意到典型自交物種之間自然發生的雜交，我會單獨保存該種子。它在明年的花園裡佔有一席之地。我珍惜稀有的雜交種，因為它們生機勃勃。它們具有獨特的遺傳基因，可能會在我的花園中茁壯成長。

通過從自然雜交植物中保存種子，我選擇了更有可能雜交的後代。也許花朵稍微開放了一些。也許它們有一種對傳粉者更有吸引力的氣味或顏色。後代像他們的父母和祖父母；因此，優先種植雜交種子會使種群趨向於更高的雜交率。

總結

這些做法為適應當地的作物保持了龐大的遺傳基礎，並有助於避免近交衰退。以這種方式維持的當地品種的種群規模包括所有花園多年來種植的所有植物。該協議允許保存現有的本地品種，同時允許它們不斷適應不斷變化的條件。

基因多樣化的種子更有可能存活到遙遠的未來。不時添加新的基因會增加遺傳多樣性。自由選擇和播種前幾年的種子有助於保持當地適應和更大的人口規模。保存雜交種子有助於人口適應不斷變化的條件。在社區內分享有助於減輕個人弱點和情緒崩潰。

10 病蟲害

我歡迎我花園裡的病蟲害。因為它們引導我的植物變得強壯和有彈性,所以我歡迎所有種類的植物、動物、真菌和微生物。他們給我帶來快樂。

我不試圖殺死蟲子或根除疾病。我什至可以幫助他們生存。我不會在我的花園裡噴毒。我不噴毒藥的替代品。我希望我的植物與現有的生態系統完全兼容。因此,我的植物在沒有我干預的情況下生存或死亡。我不經常注意病蟲害。如果我收穫了美味的農產品,我不會在細節上大驚小怪。

這種態度為我節省了時間、金錢和壓力。最初的成本節省是顯而易見的。我不會花錢購買投入,也不會花錢去應用它們。不太明顯的是長期收益。通過讓我的植物與蟲子和疾病共存,植物可以自我選擇在蟲子和疾病存在的情況下茁壯成長的品種。

回歸抗性

我強烈推薦 Raoul Robinson 的 *回歸抗性:育種作物以減少農藥依賴*。它可以免費下載為 PDF。我記得他的建議的方式是,他提倡在充滿病蟲害的地區種植農作物。儘管這似乎與直覺相反,但應剔除生長旺盛的植物,只保留那些似乎對病蟲害高度敏感的植物,然後在接下來的幾年中從倖存者中選擇表現良好的植物。

他的方法選擇具有許多基因的植物,每個基因都會增加一點抗性。這稱為水平阻力。每個基因對植物的整體健康只有很小的影響。如果一種害蟲或疾病克服了一個基因,該植物仍然有許多其他基因有助於整體抗性。

當單個基因對抗性產生巨大影響時(如被剔除的最初蓬勃發展的植物可能就是這種情況),這被稱為垂直抗性。依靠垂直阻力生存的植物容易受到突然的全系統故障的影響。

在種子目錄中，尤其是西紅柿，通常會列出植物攜帶的抗性基因，例如：VFNTA。人們認為植物攜帶的這些基因越多，它的抗性就越大。

在閱讀了 Raoul 的作品並關注我自己的花園後，我得出了不同的結論。

單基因抗性容易失敗，由於依賴於該基因的抗性導致系統範圍內的失敗。在混雜授粉的番茄項目中，我們有意選擇從不知道具有抗性基因的老品種開始。由於它們是 100% 異交，因此它們會迅速重新排列基因，將許多影響較小的基因重新組合成高抗性植物。

科羅拉多馬鈴薯甲蟲

科羅拉多馬鈴薯甲蟲不會打擾我的馬鈴薯，儘管甲蟲和馬鈴薯在我的花園中都很常見。甲蟲一年四季都住在我的花園裡。這意味著我可以與他們簽訂多年合同。我可以影響他們的基因和文化。

我與甲蟲的契約是這樣的：

- 我永遠不會在我的花園裡下毒，也不會騷擾任何遵守契約的甲蟲。
- 甲蟲可能會吃掉在我花園里長成雜草的野生茄屬植物。我不會傷害只吃雜草的甲蟲。
- 我將允許雜草在花園的某些區域生長。
- 在蔬菜上發現的甲蟲會被壓碎。
- 任何反復吸引甲蟲的馴化植物都會被淘汰。

這幾乎就是合同。甲蟲吃雜草。他們不理會蔬菜。這種策略不適用於隨風吹來的昆蟲。它與全年居民一起工作。

母甲蟲傾向於在與她孵化的植物相同的植物上產卵。這就是我提到的甲蟲文化。小甲蟲長大後會做從母親那裡學到的事情。也可能存在自我強化的遺傳成分，因為甲蟲開始喜歡吃茄屬雜草。那些吃蔬菜的人不太可能繁殖。

有時，特定的番茄或馬鈴薯植株會反復感染。進行侵擾的甲蟲和蔬菜植物都被殺死。我不想種植那些氣味或質地會讓甲蟲感到困惑、混淆合同條款的蔬菜。我不想養一代對國內植物有吸引力的甲蟲。我在甲蟲上做動物育種，在蔬菜上做植物育種，鼓勵它們和平共處。

鳥類和哺乳動物

我種植 Astronomy Domine 甜玉米的第一年，它的表型變化很大。有些植物長到齊腰高，所以玉米棒的高度非常適合野雞吃玉米棒。我只從較高的植物中保存種子。在後代，野雞沒有打擾玉米作物。

幾年後，浣熊和臭鼬開始捕食不同種類的玉米。我允許他們擁有他們想要的東西。我從小動物不吃的玉米棒子裡保存了種子。幾年後，莖變得更硬了。玉米棒離地越來越高。哺乳動物的捕食不再是問題。

這些植物解決了它們與鳥類和哺乳動物有關的問題。我想我收穫的種子是什麼。如果一株植物平躺在地上，而動物只吃掉了上半部分的籽粒，我就沒有從中保存種子。我只在高大、強壯的植物上保存玉米穗子的種子，而動物沒有吃過。

選擇反捕食者的一個無意的副作用是，玉米棒現在離地面高得多。它們大約有胸高，這使得收穫更容易。我不喜歡彎腰收割。

模糊

模糊的葉子或果實可能會阻止昆蟲或哺乳動物的捕食，因此我正在探索幾種物種的模糊性。隨著昆蟲叮咬的減少，植物中的微生物和病毒也會減少。也許絨毛可以減少水果的曬傷，尤其是在沙漠或高海拔地區。

收穫毛茸茸的水果可能意味著在收穫時戴上手套。我已經為秋葵這樣做了。我可以用其他作物來做。

如果我最終選擇毛茸茸的番茄水果,他們可能只是罐裝番茄。我不喜歡舌頭上有絨毛的感覺。冬瓜沒關係,因為我通常不吃冬瓜皮。

花端腐爛

我讀到關於人們因開花結束腐爛而遭受的苦難。他們責怪自己提供了錯誤的土壤,或者澆水不一致。他們使用複雜的施肥方案和異國情調的成分來盡量避免腐爛的水果。

我的西紅柿和南瓜不受開花期腐爛的困擾。那是因為我不能在我的花園裡容忍它。如果一株植物甚至有一個開花腐爛的果實,我一注意到,整株植物就會被剔除。我的花園是一個沒有藉口的區域。

我對開花期腐爛的態度是,這不是土壤問題,也不是澆水問題。這不是因為園丁的疏忽。我將開花期腐爛歸因於植物的遺傳傾向。選擇不易發生花期腐爛的植物是微不足道的。

如果您從開花期腐爛的植物中保存種子,那麼您就是在選擇延續該特性。幫自己和後代一個忙,停止種植和保存容易開花腐爛的品種的種子。我們不需要管理具有不適應特性的舊番茄品種。

飛蛾和蝴蝶

我歡迎生命進入我的花園。歡迎所有物種生活在我的莊稼中。飛蛾和蝴蝶給我帶來歡樂。我很高興為他們提供服務。人們對番茄角蟲的毛蟲嗤之以鼻,因為它們吃番茄葉。它們長得很大,吃得很多!我讀到人們為了一些額外的番茄果實而對毛毛蟲進行戰鬥。我很高興與

Hummingbird moth

蜂鳥飛蛾分享西紅柿。我的莊稼長得很茂盛。有很多西紅柿可以分享。毛毛蟲變成了蜂鳥蛾，在我心中佔有特殊的位置，因為我經常躺在祖母的花壇附近看著它們。當我看到他們時，我的心在歌唱。

有時，毛毛蟲會寄生寄生蜂，這對我的生態系統和減少昆蟲數量都有好處。蜂鳥蛾有超長的舌頭，可以為農作物授粉，這是其他傳粉媒介無法企及的。我當地的生態系統更健康，因為我允許番茄角蟲與我的花園共存。我為寄生蜂提供築巢地點。

同樣，我歡迎捲心菜蛾和它們的毛蟲。我維護著一個完整的生態系統，因此，它們的數量適中。我種植紅色捲心菜和羽衣甘藍，因為捕食者更容易看到綠色的毛蟲，這自然地控制了它們的數量。

在我的生態系統中，捲心菜蛾隨著夏季季風降雨而飛來飛去。在飛蛾到來之前收穫越冬的蕓苔屬植物，如冬季耐寒羽衣甘藍和抱子甘藍。在飛蛾到來之前收穫了一些春季種植的蕓苔屬植物。其他物種不受飛蛾的青睞。

我允許艷麗的乳草在我的田地里當雜草。每年夏天，它可能會餵食一百隻帝王蝶。如果一株乳草連續生長，我會允許它生長，甚至可能犧牲最近的蔬菜來給它空間。

微生物

我將身體和田地中的微生物群視為寶貴的資源。我避免將可能損害生活在我和我的領域內的微生物生命的物質帶入田地或身體。每個物種在生命之舞中都扮演著至關重要的角色。在不知道它們扮演什麼角色的情況下根除部分微生物組是愚蠢的。

我花園的時間越長，它變得越清晰，我也應該分享物種生長的土壤樣本，以便盡可能多地轉移完整的生態系統。我的植物與我的農場和身體的微生物群密切相關。在播種前吸食種子是將部分微生物群帶回田間的好方法。

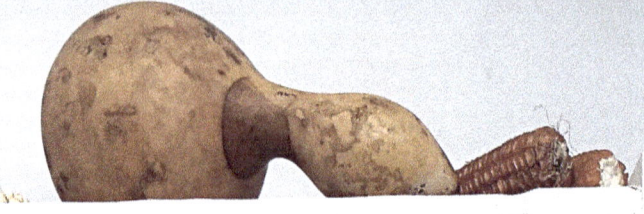

11 保存種子 保存種子

是使用當地品種園藝的一個組成部分。我們可以通過種植基因多樣化的種子，讓它們異花授粉，然後保存和重新種植種子，從而將我們的花園定位為我們特定的生長條件和做事方式。

保存種子不一定是一些作家提倡的複雜、高度參與和技術性的過程。在文字發明之前，不識字的人在保存種子。他們開發了我們最受歡迎的糧食作物。植物種子是有彈性的。我們在保存種子時使用什麼具體技術並不重要。我們不必像機器人那樣清理我們的種子。我們的種子在播種時很可能會生長。用當地品種園藝的重要一點是保存和重新種植本地化的、遺傳多樣性的種子。

關於種子保存的基本知識是植物會產生種子，並且可以種植種子來種植新植物。知道後代類似於他們的父母和祖父母也是一件好事，有時一個特徵會跳過一代。我們可能不知道父親是誰。我們可以知道母親是誰。兄弟姐妹往往具有相似的特徵，無論他們是同父異母的兄弟姐妹還是同父異母的兄弟姐妹。

作為當地的園丁，我不太擔心植物的純度。幹湯豆是一種干湯豆，不分顏色、大小或種類。

人們說家庭園丁不應該保存種子，因為它們可能無法繁殖。對我來說，這是保存種子的一個很好的理由。我不想要母株的克隆。我想培養一個基因多樣化、異花授粉的家庭，這樣後代就可以在我的花園裡本地化。將種子保存為當地品種的園丁可以緩解那些試圖保持高度近交品種純度的人們所面臨的隔離問題。我希望我的植物能夠異花授粉。

人是社會性生物。我們通過相互分享和合作而蓬勃發展。即使我沒有種植農場所需的每一種種子，我也已經建立了一個附近種植者的合作網絡。我們彼此分享種子。我喜歡我的種子共享網絡，因為雖然種子可能不完全適合我的花園，但它非常適合我的山谷。如果我的本地網絡沒有遺傳多樣性的本地種子，我來自更遠地方的合作者可能會貢獻遺傳多樣性。

收穫種子 收穫種子

有兩種主要方式。種子在乾燥的植物材料中，或者它們在濕的果實中。

幹收

對於乾植物材料，收割通常包括壓碎植物材料，然後通過篩選和/或風選將種子與穀殼分離。這對完全乾燥的植物最有效。

如果種子在植物乾燥之前脫落，我會採摘植物並將它們存放在防水布上，遠離雨水和露水。乾燥後，我脫粒和風選。

幹收的種子在短暫的暴雨中是安全的。如果預報有幾週的降雨，我可能會在暴風雨來臨之前收割它們，然後將它們存放在乾燥通風的地方直到脫粒。水分和黴菌不是乾收種子的朋友。

一些種子停留在杯狀豆莢中。罌粟花就是一個例子。收穫它們就像將豆莢倒置在容器上一樣簡單。如果通過更簡單的技術更乾淨地收穫種子，則壓碎種子莢毫無意義。

有些種莢很容易被踩在上面壓碎。其他種莢需要更大的力量，例如用棍子敲打。我真的很喜歡拉植物，然後用它們撞擊垃圾桶的內部，直到種子掉出來。我將這種技術用於豆類、生菜、芥末、羽衣甘藍、亞麻等作物。

篩選後種子留在穀殼中。這些材料的主要用途是餵養動物，或在花園或荒地的部分播種。

我們拯救自己的種子不必像商業種子一樣原始。即使我們用種子種下一些穀殼，它們仍然長得很好。

我避免用我的蔬菜種子收穫雜草種子。如果我不收穫雜草種子，那麼我以後就不必處理它們。篩網可以非常有效地將蔬菜種子與雜草種子分開。風選技術也可以是一種有效的分離策略。狐尾草種子很容易通過篩選或風選與乾燥的灌木豆分離。

污垢很難與種子分開。我喜歡用剪刀剪掉地面以上的植物，以避免種子沾上泥土。

濕收穫

種子的濕收穫通常與吃水果同時發生。

發酵對於水果中的濕種子很常見，因為它們有保護膜，需要在種子發芽之前腐爛。提取種子，讓它們腐爛 0 到 5 天，然後使用浮選機或濾器，將種子與果肉分離。

我的西紅柿技術是在靠近開花端的水果底部切開，然後將果汁擠入容器中。讓容器靜置大約三天，或多或少，取決於溫度。當種子周圍的凝膠袋分解時，種子就可以進行進一步加工了。向容器中加入水。紙漿漂浮。種子下沉。沖洗幾次將種子與果肉分離。黃瓜的種子周圍也有一層膠衣，經過幾天的發酵後會分解。

哈密瓜和西瓜沒有太多的膠衣。可以收穫種子並立即在濾器中沖洗直至乾淨。一些南瓜種子周圍有一層膠衣，但我通常不發酵南瓜種子，因為在風選過程中膠衣會變乾並被吹走。我用水流將種子從果肉中分離出來。

將種子攤開晾乾。徹底快速地干燥種子以避免發霉。

簸 從空種皮中分離出好的種子。

種子活力

種子在完全成熟之前很久就達到了活力。未成熟的果實通常含有有活力的種子。它們可能不像完全成熟的種子那樣生長旺盛，但它們會生長。在我嘗試種植甜瓜和 moschata 南瓜的最初幾年，果實非常不成熟。即使已被採摘，種子仍可在果實內繼續成熟。

如果種子在潮濕時凍結，種子活力會受到嚴重損害。我在嚴寒之前收穫潮濕的種子作物。完全乾燥的溫帶物種種子可以冷凍而不會損壞。

黴菌或水分會降低種子活力。我在收穫後將種子散開，以便快速徹底地干燥而不會發霉。

儲存種子

如果我們要儲存種子，妥善儲存它們似乎很重要。

關於種子儲存的一般智慧是涼爽、黑暗和乾燥。我將涼爽解釋為室溫，將黑暗解釋為不在陽光直射下。

種子儲存

冷

暗

乾燥

安全

種植遺傳多樣性的種群極大地簡化了種子保存。它減少了對植物純度和隔離距離的擔憂。擔心純度是節省種子的最大障礙之一。保持純潔會導致近交衰退。我不太擔心隔離距離或保持品種純淨。當栽培品種彼此異花授粉時，植物更強壯。如果哈伯德南瓜和香蕉南瓜異花授粉，後代仍然是南瓜。它們長得像南瓜，看起來像南瓜，煮起來像南瓜。當兩個偉大的品種雜交時，後代就會繼承偉大。

早在 40,000 年前，人們就開始馴化植物。絕大多數不受歡迎的性狀已從馴化作物中消除。我沒有觀察到雜交植物會變成有毒的突變體。當兩個高度馴化的品種雜交時，後代也同樣高度馴化。後代的性狀融合了親本品種的性狀。

有時我會與野生的、不太馴服的父母雜交。我希望融入更多的多樣性。偶爾在這些雜交中，我會發現有毒果實或其他不良特徵。甜瓜、南瓜、黃瓜、豆類和生菜的毒藥表現良好。他們嘗起來很糟糕。可怕的味道是植物產生毒藥的一個很好的跡象。茄屬植物的味道可能不錯，但毒藥讓我想嘔吐。

我種了一個"口袋瓜"，這是一種帶有香水味的小哈密瓜。在保存種子之前，我會品嚐每一種水果。口袋裡的瓜難吃！瓜子裡的毒嘗起來很可怕。我丟棄了全年的種子作物。我不能冒險在哈密瓜中引入毒藥。

當我從野生西瓜中引入遺傳學時，出現了"爆瓜"特性。如果在陽光下被推擠，水果就會裂開。逐漸選擇在幾年內消除了該特徵。

我認為茶花豆是半馴化的。我的原始菌株具有我稱之為"硬種子"的特性。大約 10% 的種子在浸泡時不會吸水。它們需要數週或數月才能發芽。我通過預先浸泡種子來消除這種特性，並且只種植那些立即吸水的種子。野生西瓜帶來了與他們相同的特性，它會自我淘汰。西瓜在我家是全季作物。需要很長時間才能發芽的植物在霜凍前不會繁殖。

一個偉大的種子儲存策略應該考慮到種子丟失的典型方式。根據我的個人經驗，種子最常以下列方式丟失或損壞：人類的弱點、動物、蟲子、濕氣、高溫、腐爛和災難。

人類的弱點

最常見的方式，種子消失是由於人類的弱點。爺爺死了，打掃房子的人扔掉了珍貴的傳家寶。人們離婚，非園藝配偶拿走種子藏匿處。種子放錯地方了。在暴雨期間，他們被留在卡車後面。竊賊偷竊。東西掉落或損壞。租金不會在存儲單元上支付。

避免因人的弱點而失去種子的最好方法之一，就是過與他人和平合作的生活。由於心不在焉、作物歉收和老鼠，我失去了珍貴的品種。當我的合作者發現時，他們會說"五年前你給了我這種多樣性。我喜歡它！我給你寄了一包種子。"

我在朋友和親戚的家裡保存了我的花園種子的存檔副本。如果我的主要種子供應出現問題，我仍然有備用種子。我將種子的存檔副本發送給合作者。他們可以將種子藏起來，或種植它們，或將它們捐贈出去。不止一次，我從合作者的藏匿處收到了種子。

動物

在我的生活中，老鼠曾兩次進入我的種子庫，幾乎吃光了所有種子。兩次都發生在我搬家後，一盒種子留在車庫裡。老鼠咀嚼塑料手提袋和紙板箱，吃掉了整個種子庫，除了儲存在玻璃石匠罐中的一瓶種子。

現在，我最喜歡的種子儲存方法是帶鋼蓋的玻璃罐。我使用的尺寸從 四 盎司（0.15 公斤）到一加侖不等。

對於更大的數量，我使用五加侖（19 升）的塑料桶，蓋子上有螺絲。

偶爾，我把一瓶種子丟在地裡，它就破了。這些天，我傾向於將我想要種植的種子數量轉移到一個塑料袋中，並在我回家時將多餘的種子放回玻璃罐中。我把很多小包的種子塞進廣口罐子裡。

錯誤

錯誤是我丟失種子的下一個最常見的方式。它們同樣會咀嚼塑料、紙張和紙板。他們潛入微小的裂縫。我經常無法通過查看一包種子來判斷它是否包含錯誤。有許多不同種類的蟲子會攻擊種子。有些作為與種子一起收穫的雞蛋進入我的種子儲藏室。其他人在加工或儲存期間到達。

冷凍可以殺死蟲子。種子在冷凍前應乾燥並準備儲存。冷凍潮濕的種子可能會損壞胚胎。在家用冰箱裡放幾天就足夠了。在密封的防水容器（塑料袋或玻璃罐）中冷凍，以防止從冰箱中取出後吸收水分。

我在冷凍前後都對乾種子進行了發芽測試。我沒有觀察到對我測試過的溫帶品種的不利影響。冷凍可能會損壞熱帶種子。

用力搖晃一瓶種子會機械地壓碎蟲子和雞蛋。我在冷凍前後都搖動種子。

我通過存放在玻璃罐中來防止再次感染。

吃種子的蟲子從雜貨店來到我家。我不允許蟲害繼續。每當我發現錯誤時，就會徹底清潔食品室。如果我將蟲子的數量保持在較低水平，那麼它們就不太可能吃掉我的種子。我冷凍進貨的穀物產品，以減少雜貨店帶來的蟲子數量。傳入的種子在放入種子儲藏室之前被冷凍。

歡迎蜘蛛常年生活在種子室。

水分

儲存期間過多的水分會降低種子的預期壽命，或促進微生物的生長。我使用了幾種基本的方法來估計幹種子的程度。我會做一個咬合測試。如果種子仍然柔軟到可以咬人，那麼它就太潮濕而無法儲存。我使用的另一個測試是將一個玻璃罐或塑料袋種子放在陽光下。如果容器內部有水珠，那麼它們就太潮濕了。

在我的超級乾旱氣候中，種子很容易乾燥至低水分。生活在潮濕氣候中的人們可能需要採取積極措施來乾燥種子。我喜歡使用設置為 95 °F (35 °C) 的脫水機。我還把種子舖在防水布或餅乾紙上曬乾。

乾燥劑可以減少種子中的水分。我喜歡使用白米，因為它很容易買到：在 225 °F (107 °C) 的烤箱中將大米烘乾約四小時。涼爽的。放入密封容器中，例如加侖大小的玻璃罐。在紙或織物信封中添加種子。晾乾一周左右。一位合作者報告說，她在地衣方面得到了類似的結果。

在紙信封中出售的商業種子通常含有過多的水分，無法進行最佳儲存。我建議在儲存前乾燥它們。它們可以是乾紙信封等等。

乾燥後，保護種子免受大氣水分的影響。

在我的著作中，我專注於我種植的北方品種。熱帶物種的種子可能對脫水反應不佳。

熱

大多數幹種子在室溫下儲存良好。生物系統的物理化學大致遵循這樣的原理：溫度每升高 18 °F (10 °C)，反應速率就會加倍。因此，預計在 70 °F (21 °C) 下可保存八年的各種種子只能在 88 °F (31 °C) 下存活四年，在 106 °F (41 °C) 下可存活兩年，在 124 °F (51 °C) 下一年。如果可以選擇將種子存放在炎熱的地方還是涼爽的地方，請選擇涼爽的地方。

衰變

類似地，溫度每降低 18 °F (10 °C)，反應速率就會減半。種子預計在室溫下可存活 8 年，在冰箱中可存活 32 年，在冰箱中可存活 128 年。如果乾燥，冷凍種子會使它們的預期壽命暫停。當從冰凍溫度移開時，它們的生物腐爛再次開始。

災難災難

我沒有因為而失去種子。儘管如此，我還是為他們做好了計劃。我把種子藏在三個不同的縣。一個藏匿處容易受到洪水、野火和盜竊的影響。兩個儲藏室不受洪水影響，但易受地震影響。所有儲藏室都容易著火。通過傳播種子，我可以防止它們同時被破壞。我的主要種子庫的架子用螺栓固定在牆上，並且在它們周圍有一個唇緣以防止地震。它們在玻璃罐中。如果我想要額外的安全措施，我可以在罐子裡放塑料袋，這樣即使罐子破了，種子也會被裝起來。其他地區的人們應該包括在最有可能發生的災難中獲取種子的計劃：例如，將種子埋在龍捲風巷。

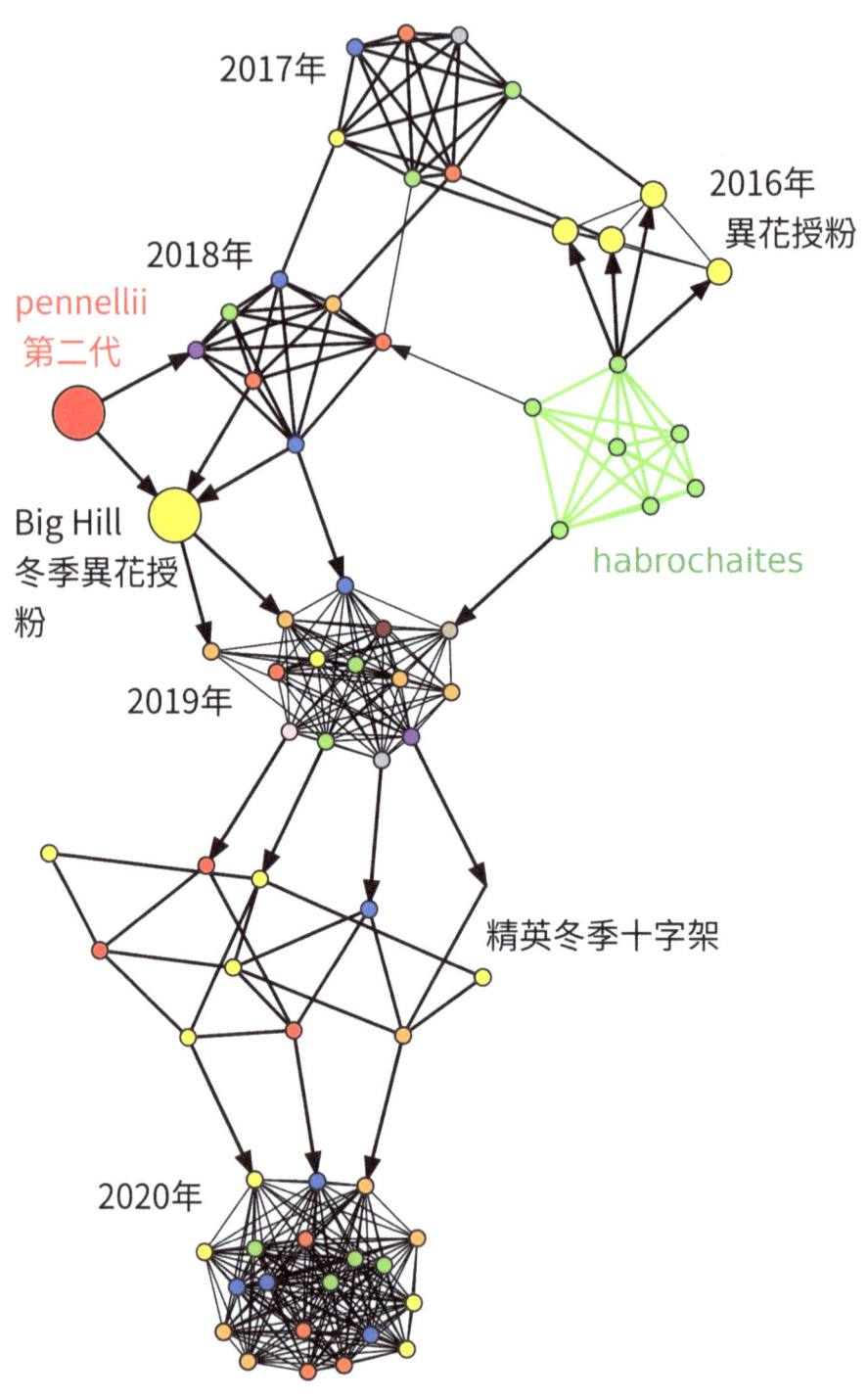

的縮寫譜系美麗的混雜& 美味番茄項目

12 種混雜的西紅柿

美麗的混雜和美味的西紅柿項目旨在創造一群美味的自相不相容的西紅柿。該項目的可信承諾是，西紅柿將保留來自野生祖先的奇妙遺傳多樣性，並將 100% 異交。他們將能夠自己解決目前正在通過毒藥、材料、技術或勞動力解決的問題。它可以大大簡化番茄在潮濕地區的生長。野生遺傳學的注入增加了許多令人愉快的風味特徵。

淫亂番茄花

多年來，這個項目吸引了我的注意力、希望和夢想。我真的希望潮濕氣候中的人們能夠有機地種植西紅柿，無需噴灑或不必要的勞動。

遺傳瓶頸

馴化西紅柿造成了許多遺傳瓶頸。當一個品種的小樣本與較大的群體分開時，就會出現瓶頸。小樣本具有有限的基因子集。有限的遺傳背景造成近親繁殖抑制和活力喪失。新種群可能缺少應對特定害蟲、疾病或環境條件的遺傳智能。

主要的番茄瓶頸包括：

1 從安第斯山脈到墨西哥的旅行。
2 從墨西哥到歐洲旅行。
3 從歐洲到世界其他地方旅行。
4 數十年的傳家寶保存近親繁殖。

番茄的慣用授粉者並沒有與它們一起進行瓶頸之旅。為了應對，西紅柿變得自花授粉和高度近親繁殖。

人們選擇反對異花授粉，近親繁殖五十到數百代的傳家寶。這些事件共同造成了 95% 的遺傳多樣性喪失。今天的西紅柿

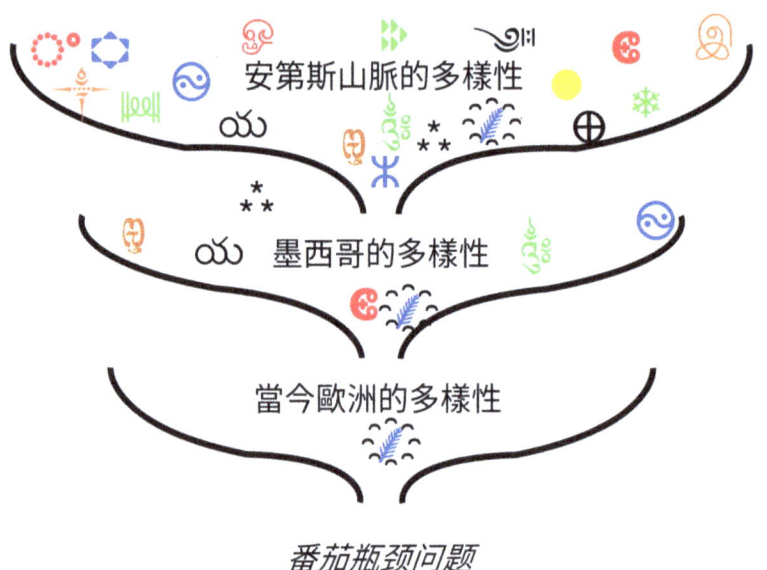

番茄瓶颈问题

是基因近交和脆弱的作物之一。它們非常容易受到系統範圍內的崩潰的影響。

一項研究發現，單個野生番茄品種的遺傳多樣性比所有研究的國內品系的總和還要多。

我試用的絕大多數西紅柿都不能催熟果實。培育國內西紅柿是有問題的，因為可供選擇的品種很少。水果有幾種顏色和形狀，以及一些葉子類型。總體而言，國內基因組在應對害蟲、疾病和環境壓力的遺傳能力方面受到嚴重限制。國內的西紅柿已經變得愚蠢，忘記了物種的祖先智慧。

混雜授粉

在進行抗霜凍和耐寒試驗時，我注意到 Jagodka 品種的花朵上經常有大黃蜂。其餘的補丁很少吸引傳粉者。這讓我開始考慮選擇更多混雜的西紅柿。高於典型 3-5% 的自然異花授粉率將允許更快的本地適應。

在尋找混雜番茄花的過程中，我們發現了野生種 Solanum pennellii 和 Solanum habrochaites。它們需要由不相關的植物授粉。它們是 100% 異交的。因為它們不能給自己授粉，所以它們被稱為自不相容。它們只能與與它們沒有密切關係的植物雜交。花朵碩大，色彩艷麗，色彩艷麗。傳粉者愛他們！

野生物種可以將花粉捐贈給國內的西紅柿。十字架在另一個方向不起作用。

S. pennellii 和 S. habrochaites 是兩種自交不親和的物種，它們很容易進入國內番茄。其他自交不親和的物種很少與國內番茄成功雜交。

我們在國內西紅柿和野生西紅柿之間進行了人工雜交，然後重新選擇了野生型雜花。花很大！柱頭（雌性部分）在花藥（雄性部分）外面，因此它們可以摩擦蜜蜂的腹部。主要選擇標準是雜花。

對傳粉者開放的花柱頭

這個項目中最令人吃驚的觀察結果是水果的香氣、味道和質地的巨大多樣性。味覺測試者的描述包括諸如"甜瓜"、"百勝"、"xxx"、"熱帶"、"果味"、"番石榴"、"發酵味"之類的詞。我們選擇甜味、果味和熱帶風味。我們主要選擇橙色和黃色水果，因為評論更受歡迎。

廚師 Barney Northrup 說他真的希望我從嘗起來像海膽的水果中重新種植種子。不管那是什麼！

種間雜種的後代在許多性狀上表現出巨大的多樣性。我收到關於怪物植物的報告。我傾向於選擇矮小的植物，因為它們超級快速且高產。矮人的決定性特徵來自家庭祖先。

濫交的特徵是遺傳的，選擇巨大的、五顏六色的、開放的花

花藥對傳粉者開放

朵很簡單。大黃蜂和其他物種提供授粉服務，因此無需人工即可產生大量雜交種子。三種雜種很常見。

幾年來，我們試圖通過觀察本季早期未結果的情況，或通過人工自花授粉時結實的任何植物來重新選擇一個功能齊全的自交不親和系統。這些都是有價值的目標，一個非常細緻的人可以通過做這樣的工作來大大推進項目。我們發現處理數以千計的植物和數百名合作者太麻煩了。我們目前正在選擇大而明亮的開放花朵。

已知控制自交不親和系統的基因。有一天，我們可能會通過 DNA 測試來選擇。

我們一直在努力訓練我們自己和合作者將西紅柿視為混雜物種。製作番茄雜交種的傳統方法是向一位母親提供一名花粉。然後後代自花授粉。

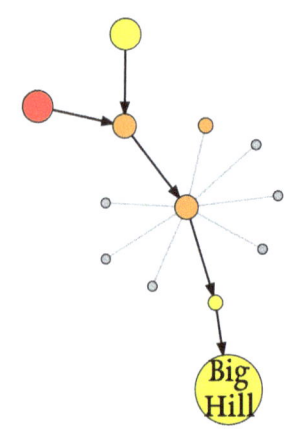

近交番茄的譜系

讓人們使用多對多方法一直是一個挑戰。該項目的早期錯誤是沒有為最初的雜交包括足夠的野生花粉捐贈者。我建議在最初的雜交中使用 7 到 20 個花粉供體。

引入野生遺傳學降低了早期世代的局部適應性。對於我的花園來說，後代往往是太長的季節。它們不能很好地適應土壤或氣候。倖存並茁壯成長的植物表現出雜交活力。

導致持續生育問題的早期選擇是製造三種雜交種（番茄、habrochaites、pennellii）。對於那些想從頭開始重新創建這個項目的人，我建議選擇 S. pennellii 或 S. habrochaites 作為花粉供體，但不要同時選擇兩者。

美妙的果味與酸味、時髦的味道一起出現。我們每年都會選擇令我們滿意的口味和香氣。因為它們是混雜授粉的，所以奇怪的味道會持續到未來幾年，每年都會減少，因為我們在從水果中提取種子之前先品嚐了每種水果。

自動生成雜交種

永續農業的一個關鍵組成部分是讓自然系統完成大部分工作。管家只需要不時提供指導。

野生番茄有一個自交不親和基因，這意味著它們不能給自己授粉。這使它們成為強制性的異交者。每一顆種子都是獨一無二的雜交種。將基因整合到家養番茄中，可以讓番茄自己輕鬆、自動地創建數十萬種獨特的基因組合，從而消除通常伴隨著創建家養番茄雜交品種而來的繁重勞動。

可以嘗試多種新的基因組合來處理蟲子、病毒、枯萎病、霜凍、雜草、味道、顏色等。自交不相容的西紅柿是自我繁殖的。他們可以自己解決我們以前試圖通過噴霧、化學品、技術或勞動力解決的問題。

我們已經七到九代人將這種自我不相容的基因整合到國內番茄中。

我們也在朝著相反的方向開展這個項目，將較大果實的基因整合到野生番茄中。這種方法稱為回交。

這個項目的另一個方面是我們創造了純野生物種的適應當地的種群。我們通過選擇更大、更美味的水果和更快的成熟來馴化它們。

如果我要重新啟動這個項目，我會使用當地適應的、果實更大、更美味的野生物種菌株作為花粉供體。

花卉類型

該項目的目標是與西紅柿雜交。濫交的一種策略是結合自交不親和系統，使它們 100% 異交。我們正在努力研究該項目的這一方面。我用"混雜"這個詞來形容不能自我授粉的西紅柿。

另一種策略是選擇有利於異交的花，即使植物也能夠自花授粉。這種策略可能會使穿越的可能性比國內傳家寶高 10 倍。我使用術語"panamorous"來描述能夠自花授粉的西紅柿，並且具有使雜交成為可能的花朵特徵。

經常雜交的西紅柿比很少交叉的西紅柿更有彈性。在純國產番茄中，任何可以鼓勵更多雜交的做法都是值得的。

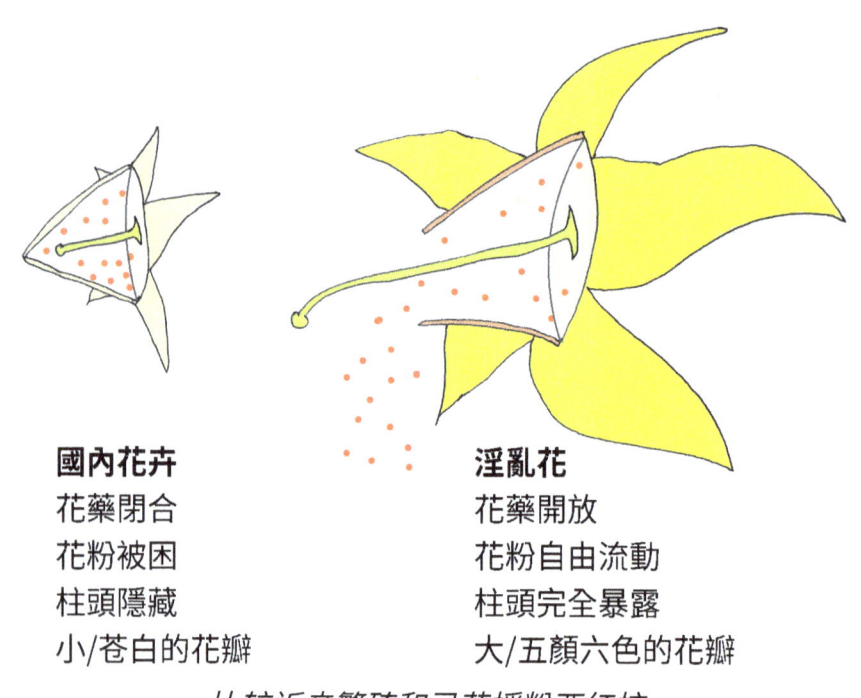

國內花卉
花藥閉合
花粉被困
柱頭隱藏
小/蒼白的花瓣

淫亂花
花藥開放
花粉自由流動
柱頭完全暴露
大/五顏六色的花瓣

比较近亲繁殖和异花授粉西红柿

混雜的野番茄上的花很大。較大的花朵對傳粉媒介更具吸引力。野花有鮮豔的色彩。國內西紅柿有小而暗色的花朵。即使在完全馴化的西紅柿上，也可以通過選擇更大、更亮的花瓣來增強異交。可以通過密植、交替不同品種並將它們擠在一起種植來鼓勵異交，以增加自然發生的雜交。我們可以選擇偏愛雜交而不是自花授粉。

在國內番茄中，花藥通常形成一個完全包圍柱頭的錐體。這可以防止花粉進入和離開花朵。這種特性與其他特性一樣，是造成國內番茄自交率高的原因。鬆散連接的花藥球果在混雜的西紅柿中很常見。他們甚至可能根本沒有聯繫。國產牛排番茄的花藥球果往往連接不緊密，因此比其他國產番茄更容易雜交。

彼此不相連的花藥

混雜的野生番茄通常有長花柱，將柱頭延伸到花藥之外。這有助於促進穿越。部分國產櫻桃番茄保留了這一特性。

一些國產西紅柿的花瓣排列可以防止蜜蜂接近花朵。這對於促進自花授粉非常有用。它對生物多樣性適得其反。

有時，當我推擠野番茄花時，會掉出一大團花粉。這是促進異花授粉和吸引傳粉者的一個很好的特徵。

西紅柿沒有蜜腺。因此，蜜蜂對花的興趣不大。大黃蜂和其他本地昆蟲是我家的主要傳粉者。地面築巢的挖掘蜂特別活躍地為番茄花授粉。

混雜的、自交不相容的西紅柿需要昆蟲來授粉。至少，我相信這意味著不會毒害昆蟲種群。最佳做法是在附近

巨大的異花授粉花和微小的近交花

種植對傳粉媒介友好的植物，並為地面築巢的蜜蜂和其他傳粉媒介提供合適的築巢地點。

合作

美麗的混雜和美味的番茄項目吸引了許多合作者。人們從基因庫中獲取野生物種與我分享。來自歐洲大陸各地的遊客前來參觀植物。我連夜將水果郵寄給合作者。我們有口味測試聚會。我們在溫室中越冬，氣候溫暖，以獲得額外的世代。我前往參與該項目的農場和種子庫。

Row 7 Seed Company 為加利福尼亞州 Nipomo Native Seeds 的冬季雜交提供了便利。多年來，威廉·施萊格爾和安德魯·巴尼做出了重大貢獻。世界番茄協會的 Andrea Clapp 幫助我制定瞭如何進行的策略。 Evan Sofro 和 John Cassia 在 Snake River Earth Arts 種了一大片西紅柿。

該項目特別感興趣的一個領域是在晚疫病成問題的地區有機種植這些西紅柿，無需作物保護協議或噴霧劑。我希望在這個項目上有更多的合作。實驗農場網絡分發我為這個項目種植的種子。

我們期待美麗混雜和美味番茄中遺傳學的快速重組將使他們能夠解決晚疫病問題。

我認為美麗美味和混雜的番茄項目是我畢生的工作。無論有多少其他項目因實力或野心的限製而失敗，混雜的番茄項目仍在繼續。它美麗可口，具有在彩虹盡頭追逐一罐金子的魅力。

異花授粉與近交 花大小比較 （印刷書籍中的實際尺寸）

13 玉米

我喜歡種玉米。它堅固、高效且易於加工。玉米富含碳水化合物和能量。各種類型的玉米提供不同的美食。

對我來說，玉米用最少的勞動產生最多的卡路里。整個收穫過程可以單獨用人體完成。不需要工具或設備。家禽可以吃整個玉米粒。

玉米不太可能產生人們在吃小麥時遇到的代謝紊亂類型。

出於這些原因，如果我選擇一個物種作為我村的主要主食作物，那就是玉米。

玉米在我的生態系統中的一個缺點是它需要灌溉。我在秋天種植小穀物，無需灌溉。我不能用玉米做到這一點。一些生態系統能夠支持非灌溉玉米。種植相距較遠的叢可能會減少灌溉需求。

玉米具有異交育種系統，這使其成為當地育種項目的理想選擇。它以易受近親繁殖抑製而聞名。我堅持傳統觀點，即至少應種植 200 株植物以保持玉米品種。

在我的生態系統中，大多數玉米花粉大部分時間都大致垂直落下。大多數內核是自花授粉的，或由最近的鄰居授粉。

我對玉米使用的育種方法是循環大量選擇。我大量種植種子。我從茁壯成長的植物中收穫種子。另一種方法是同胞群體選擇，從每個玉米棒中種植一些種子。整個同級組作為一個單元被選擇或剔除。

我在幹玉米中重視的一個特性是容易脫殼。我喜歡玉米粒很容易從玉米棒上脫落。易脫殼特性是一個高優先級的選擇標準。兄弟姐妹群體經常共享容易砲擊的特徵。

甜玉米 甜玉米

分為三種類型：老式、含糖增強和超甜。我專注於將老式甜玉米種植為一種基因多樣的品種，因為它對我來說是完全可靠的。

我種植的第一個本土品種是老式甜玉米。

含糖增強和超甜玉米在寒冷的春天土壤中不能可靠地發芽。我在一年中最熱的時候種植含糖增強的甜玉米。

我不種植超甜玉米。該表型也稱為萎縮。種子枯萎了。他們缺乏足夠的資源來蓬勃發展。一種相關類型的玉米被稱為協同。它結合了三種甜味基因。這對我來說同樣不可靠。

我喜歡老式甜玉米的味道。我喜歡耐嚼的質地。當甜玉米成熟時，我會放棄任何有關碳水化合物的飲食限制。我喜歡吃老式的甜玉米！

初夏地暖後，含糖增強的甜玉米發芽得更好。到那時，它正在調情在秋季霜凍之前沒有準備好。

如前所述，我種了一種叫做天堂的甜玉米。它是一種混合了老式甜玉米的美妙風味和含糖增強型甜玉米的額外甜味。有關培育雜交種的詳細信息，請參閱有關雜交種的章節。

我最喜歡吃甜玉米的方法是在田裡生吃。我下一個最喜歡的方法是煮 10 分鐘。甜玉米的味道很快變壞。我喜歡在吃之前立即採摘。

我部落的豐收慶祝活動包括將仍帶殼的甜玉米扔到火上。他們被埋在熱煤裡。當他們做飯時，我們唱歌跳舞 15 分鐘。有些部分會被燒焦。有些幾乎是生的。這就是豐收慶典的魅力所在。

我喜歡吃甜玉米的另一種方式是在從玉米棒上取出乾燥的玉米粒後，在熱煎鍋中烤乾。我在鍋裡加了一點油。它們會膨脹，但不會彈出。烤甜玉米比烤麵粉玉米更甜、更嫩。焦糖味增強的甜玉米味道特別鮮美。

爆米花

我的爆米花起源於裝飾性麵粉玉米和黃色爆米花的意外雜交。我喜歡爆米花中出現的多色玉米棒。

如果我再做爆米花,我不會選擇做那個特別的十字架。花了數年時間重新選擇以獲得出色的爆破效果。每年冬天,我都會使用設置為 350 的電煎鍋從每個玉米棒中取出 20 個玉米粒°F。我從爆裂最好的玉米棒子上重新種植種子。我同時考慮了體積和百分比。我品嚐了每個玉米棒。不愉快的味道和質地被剔除。

在關係崩潰期間,我失去了我的爆米花項目。它只輸給了我,而不是社區。 Giving Ground Seeds 的 Julie Sheen 出售它。班伯里農場的韋恩馬歇爾為蛇河種子合作社種植閣樓爆米花。

爆米花

我在高胡蘿蔔素燧石玉米和基因多樣的爆米花之間進行了雜交。爆米花看起來是黃色的。看起來棒極了,嚐起來也棒極了。我喜歡食物中胡蘿蔔素的味道。火石玉米和爆米花密切相關。因此,選擇大爆米花比選擇玉米粉更容易。

燧石玉米

燧石玉米具有堅硬、緻密的籽粒。它們看起來清澈透明。我不喜歡廚房裡的燧石玉米,因為這對設備來說很難。燧石玉米粉有一種堅韌不拔的口感。它肯定很漂亮。韋恩馬歇爾種植玻璃寶石燧石玉米。他選擇了偉大的流行音樂。

玻璃寶石玉米

玻璃寶石玉米 為我當地的爆米花品種貢獻了遺傳學。在它的照片瘋傳之前,我正在種植它。

穀物玉米

穀物玉米讓我很滿意。是這最具有遺傳多樣性的玉米，我成長。它可以快速適應不斷變化的條件。它將多種類型的玉米組合成一個種群，而不按表型進行選擇。打火石、凹痕、流行、甜和麵粉共存。

穀物玉米非常適合釀造。我的雞喜歡把它當作全穀粒飼料吃。我把它當作人品。

在 1960 年代，嘉吉的植物育種者將南美傳統玉米品種改造成在北美漫長的日子裡生長。種子在冰箱裡放了幾十年。Joshua Gochenour 從五個種族中獲得種子並與我分享。

我通過將五個品種雜交在一起製作了一個混合群。我包括鷹遇見禿鷹，它是由 Dave Christensen 製作的南北混合。第二年，我將它們與來自北美的傳統品種雜交，由安德魯·巴尼 (Andrew Barney) 組合而成。南美玉米被稱為燧石、麵粉和馬齒。這些表型與北美玉米中的同名表型略有不同。由此產生的混合群是高度多樣化的。

這種玉米，我稱之為和諧，因為它將不同的玉米僑民組合成一個單一的繁殖種群。從這個種群中，我選擇了本章中描述的其餘品種。

和諧的後代出現了一個意想不到的特徵。它們生長在臭鼬和浣熊經常出沒的地方，它們以玉米為食。他們經歷了適者生存的選擇。每年，玉米都變得更強壯，動物吃的更少。這些天，捕食是最小的。

高胡蘿蔔素燧石玉米

Cateto 是南美人種之一，表達的 β-胡蘿蔔素比一般人高十倍。我喜歡食物中胡蘿蔔素的味道。它讓我著迷。

我從 和諧 穀物玉米中選擇了一種高胡蘿蔔素燧石玉米。廚師喜歡高胡蘿蔔素的特性，因為它的味道和視覺吸引力。深橙色玉米麵包看起來很棒！

當給雞餵食高胡蘿蔔素玉米時，胡蘿蔔素會集中到它們的雞蛋中。蛋黃變得超級五顏六色，超級好吃！胡蘿蔔素儲存在脂肪中。高胡蘿蔔素雞油味道好極了，在湯裡看起來很棒。

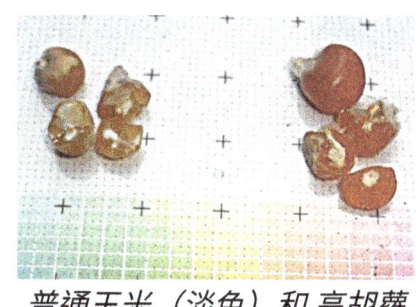

普通玉米（淡色）和 高胡蘿蔔素玉米（深色）

燧石玉米最能抵抗昆蟲或大型動物的捕食。硬核使其在廚房中使用更具挑戰性，也使其不太適合捕食者。

高胡蘿蔔素甜玉米

我用高胡蘿蔔素燧石玉米跨越了天文 Domine。甜蜜的特徵是隱性的，這意味著它不會出現在第一代。後代類似於他們的父母和祖父母，有時一個特徵會跳過一代。

甜仁出現在第二代。它們大約是內核的 1/4。¼ 比率是描述高中生物課中教授的遺傳學的原型。作為與當地品種一起工作的植物育種者，這個想法對我來說通常沒有用。通常有如此多的基因參與雜亂授粉的作物，以至於數學變得過於復雜。在這種甜玉米的情況下，甜玉米和穀物玉米之間只有一個基因差異。

我選擇了甜玉米和高胡蘿蔔素的特性。我選擇了所有其他顏色。我品嚐了每個玉米棒，然後用手剪剪掉玉米棒的末端，從而從中保存種子。我剔除了任何過於纖維化或缺乏美妙的東西。

每年，我只從味道驚人的玉米棒中保存種子。作為小規模種植者，我可以品嚐每一代植物。

來自安第斯山脈的甜蜜

和諧 玉米含有少量的甜玉米基因。我從玉米芯中挑選出皺巴巴的穀粒，並單獨重新種植。

在 和諧 對臭鼬、浣熊、野雞和火雞產生抵抗力後，安第斯甜食被選中。因此，植物巨大而強壯。玉米棒在莖上很高。

味道不是我喜歡的。歡迎任何抗小動物並上桌的玉米。在一根即使有一個皺巴巴的玉米粒的玉米棒上，有一半的玉米粒有一個隱藏的甜味基因。

甜蜜的特質是隱性的。這意味著它可以被其他基因隱藏。一旦選擇了隱性特徵，它就會保持穩定。甜粒的出現只是因為母親和父親都貢獻了一個甜味基因。

麵粉玉米

麵粉玉米享有作為糧食安全種植玉米的美譽。我的麵粉玉米是從 Harmony 穀物玉米的抗捕食菌株中挑選出來的。我選擇軟內核，反對硬核類型。

當地廚師喜歡用麵粉玉米做飯。他們製作麵包、玉米餅、波索、玉米粥、奇可、糊狀和乾玉米。

麵粉玉米粒柔軟，容易磨成麵粉。麵粉又細又輕。

玉米粉在 高 pH 值烹飪 後製成嫩玉米粥。由 高 pH 值烹飪 麵粉玉米製成的玉米餅或玉米粉蒸肉很好吃！高 pH 值烹飪 玉米的味道是另一種微妙的、不起眼的味道，我的身體會釋放出讓人感覺良好的化學物質。通常在玉米片和玉米餅中出售的非硝化玉米對我來說似乎很可怕。

高 pH 值烹飪 是用鹼烹飪玉米。我更喜歡用酸洗石灰。傳統上，使用木灰。在底座中烹飪會溶解或鬆開內核的皮膚。我用漏勺沖洗掉殘留物。有很多食譜。似乎每個人都有自己的最佳實踐。我在一加侖玉米中使用大約兩湯匙酸橙。加水，煮至表皮鬆弛。這可能需要 20 到 60 分鐘，具體取決於玉米的種類和鹼的類型。一些食譜要求讓它在烹飪前或烹飪後浸泡一夜。我不能說這有什麼不同。

我非常喜歡 高 pH 值烹飪 玉米的味道，除非"酸橙"列為成分，否則我不會購買玉米餅或玉米片。

我喜歡將玉米 高 pH 值烹飪,然後脫水。然後研磨製成麵粉麵團。 高 pH 值烹飪 將蛋白質轉化為適合製作麵團的形式。普通磨碎的玉米只能製成糊狀的糊狀物。

高 pH 值烹飪 對於減少黴菌毒素和製造菸酸至關重要,菸酸可以預防糙皮病,這是一種營養缺乏症。

氣根

幾年前,科學家注意到生活在玉米氣根上的固氮微生物。根部產生含有微生物食物的凝膠。微生物為玉米生產氮。這是一種經典的共生關係。

根在幾十年前就失寵了,因為它們形成了一個不容易分解的結。它使下一季的耕作和種植更加困難。針對氣根性狀選擇的現代工業化農業。

玉米上的氣根

聽說這項研究後,我選擇了一個包含氣根特性的種群。選擇主要來自 和諧閣樓高胡蘿蔔素燧石 。他們是該特徵最普遍的人群。

在潮濕的天氣裡,氣根會產生凝膠。它嘗起來有點甜。我看不到微生物。我推測它們生活在凝膠中。空氣根莖在我的田地中是最高的——就像它們得到了額外劑量的氮一樣。我不給我的田地施肥或施肥。今年的農作物殘茬和雜草是明年的土壤肥力。自己生產氮的玉米具有競爭優勢。

14 豆類

豆類是植物性蛋白質的重要來源。作為乾豆，與其他作物相比，生產力低且勞動力高，但它們提供的蛋白質不易從其他蔬菜中獲得。豆類也可以作為蔬菜或蔬菜食用。

豆類占據了廣泛的生態系統。為了最小化風險，我盡可能多地種植物種。特定的害蟲、疾病或天氣模式不太可能在同一個生長季節將它們全部消滅。種植多種物種可增強糧食安全。

賽跑豆雜交到普通豆　　　　　　猩紅色的亚军豆

豌豆、扁豆、蠶豆、羽扇豆和鷹嘴豆在涼爽的天氣中生長最好，並且具有抗凍性，甚至可能耐寒。普通豆、茶花、豇豆、利馬和大豆在炎熱天氣中生長最好。一些品種的普通豆和茶花是耐霜的。芸豆在具有海洋生態系統的沿海地區生長最好。它們在某些地區是多年生的。

潛力

雜交豆類通常自花授粉，異交率在 1% 到 30% 之間，具體取決於物種和生態系統。生態系統更健康、植物和昆蟲更多樣化的花園有利於更高的異花授粉率。緊密間種時，豆科植物的雜交率更高。

注意到普通豆中自然發生的雜種的一種簡單方法是在極豆旁邊種植灌木豆。在以後的歲月裡，如果灌木豆的後代長出藤蔓，那麼它們就是與極豆的雜交種。第二代的四分之一將恢復為灌木豆。

開著白花的豆子可以種植在開著彩色花的豆子旁邊。下一代，如果有顏色的花朵出現在白花斑塊中，那麼它們就是自然發生的雜種。華盛頓的安迪·布魯寧格 (Andy Breuninger) 給了我一個種間雜交種，這是他通過手動雜交普通豆類（作為母親）和猩紅色豆類作為花粉供體而製成的。後代有猩紅色的花朵。與純猩紅色的亞軍豆相比，顏色變淡了。

發芽時，普通豆子將它們的子葉高高地拋向空中。黑豆將它們的子葉保持在地下。雜種的子葉保持在或低於地平面。該特性可用於篩選雜交種。

當一排普通豆生長在一排小豆旁邊時，偶爾會發生異花授粉。細心的園丁可以注意到自然發生的雜種，並種植更多。

我從許多朋友和合作者那裡收到了自然異花授粉的豆子。俄勒岡州的戴夫將豆類作為單獨的純品種種植。它們生長在相距幾英尺的床上。也許他收穫的 100 粒種子中就有 1 粒與預期的顏色不同。那些是天然雜交種。他的妻子只喜歡烹飪純品種。她對它們進行分類，在烹飪前去除交叉的豆子。他給了我一品脫罐裝交叉豆。我喜歡種植它們。後代之間有很多多樣性。

紐約的蒂姆·斯普林斯頓 (Tim Springston) 注意到他的玉米地豆中有一個自然發生的雜交。他和我分享了種子。四分之一的後代是灌木豆。我重新種植了灌木豆。我吃了極豆。我發現了一種顏色鮮豔的豆子，我一直把它分開。由於普通豆類是高度近親繁殖的，因此很容易將其與當地品種分開並將其作為純栽培品種進行維護。

我村的蒂姆·莫里森 (Tim Morrison) 為我保存了他的自然雜交種。我種植它們並選擇我喜歡的類型。我真的很喜歡基因彩票的不斷攪動。更多的時候我廠混亂的種子，就越有可能我會 找到一些真正在這裡茁壯成長。

蠶豆

蠶豆是一種樂趣。它們的異花授粉率約為30%。大黃蜂在蠶豆上花費了大量時間。自然的異交保持多樣性。

我第一次種蠶豆時，我對它們一無所知。因為它們是"豆子"，我在一年中最熱的時候把它們和剩下的豆子一起種了。他們像瘋了一樣開花。螞蟻在葉子上種植蚜蟲。他們沒有製造種子。我讀到了他們。溫度高時，花朵不育。

蠶豆

這些天，我在早春種植蠶豆。我喜歡在地面解凍的那天直接播種。那是大約三月的第三週。它們在早春越早開始，它們就越能在涼爽的天氣裡開花，它們產生的種子也就越多。我經常在種植前將它們浸泡一夜，以便更快地發芽。

蠶豆在8區耐寒。我建議溫暖地區的人們在秋季種植它們。它們耐寒至約10°F（-12°C）。

我每年都嘗試種植蠶豆作為秋季種植的作物。時機很重要。在冬季積雪到來（11月初）之前一兩天進入地下的種子，我的效果最好。幼苗越冬。種子在地下存活，並且比春季播種的種子早幾週開始。

每年秋天，我的花園裡都有大量進入冬季的自願蠶豆植物。他們中的許多人在秋天死去。有些活到春天，然後屈服。我一直在看著他們。最終，它們中的一個可能會在比它們喜歡的生態系統冷三個區域的冬天存活下來。

這是植物與地方品種選育的精髓：推向極限s，則看為生存和茁壯成長有趣的事情。

普通豆

　　普通豆的雜交率約為 0.5% 至 5%。我鼓勵通過緊密間種的品種雜交。我觀察自然發生的雜交品種,並優先種植它們而不是近交品種。

　　每年秋天,我都會對常見的豆子進行分類。我為下個季節重新種植每種類型挑選了大約相等的數量。如果我不以相同的數量種植,小粉紅豆和花豆將在人口中占主導地位。他們在這裡茁壯成長。

　　我僅根據種子的表型進行選擇。如果我做一堆大白豆,它們共享大白種子的基因。他們其他性狀的遺傳是可變的。

　　我種植豆類種子主要是為了分享和植物育種。因此,我想要盡可能多的多樣性。如果我是為了食物而種植,我會主要種植散裝種子。產量最高的品種將占主導地位。

茶花豆

　　人們跟我說我很調皮,因為我種了 tepary 豆。據說它們攜帶了一種病毒,可以破壞普通豆類。我不會知道。如果豆類植物對病毒敏感,它就會死亡。還有很多其他家庭不受影響。

　　十年來,我一起種植了茶花豆和普通豆。如果有病毒問題,他們早就解決了。

烹飪

　　一般來說,種子,尤其是豆類含有抗營養物質。傳統的烹飪方法需要長時間浸泡豆類種子,然後在高溫下烹飪。浸泡、沖洗和高溫烹飪可減少抗營養物質。

　　我能嚐到豆子裡的毒。它們對我來說有藥用價值。我絕對不想吃的東西。我能嚐到綠豆莢裡的毒。金額要低得多。儘管如此,青豆是我一直煮到熟透的食物。我更喜歡壓力烹飪,或者用熱油煎而不是煮。我想知道吃豆子後如此常見的胃部不適是否是由於沒有停用毒藥?

tepary 和利馬豆的豆莢嘗起來特別難吃。我遠離它們作為食物來源。我們靈長類動物的身體非常善於知道植物何時不適合作為食物。

因為傳統的烹飪方法可以減少毒害，所以我一直沒有選擇反對毒豆。我可以預先浸泡種子，在種植前品嚐它們。出於好奇，我品嚐了生豆種子。它們的毒性有很大的不同。

有時，人們餵我用"鷹嘴豆粉"做的煎餅。麵粉是通過研磨生鷹嘴豆製成的。毒藥的味道是壓倒性的。傳統的烹飪方法是浸泡豆子。壓力煮它們。搗碎它們。然後油炸製成沙拉三明治。研磨生豆，並在煎餅中勉強加熱它們不會使毒藥失效。

我喜歡壓力烹飪豆子種子。溫度變得足夠熱，可以快速完全滅活毒物。在我的高海拔廚房裡，壓力烹飪可以更快地軟化它們。

羽扇豆是我嚐過的最毒的。準備它們的配方包括浸泡兩週。每天換水 3 次。另一種方法是將它們放在流水中一周。

慢燉鍋可能不夠熱，無法使豆毒失效。我建議不要用它們來煮豆子。它們非常適合加熱用其他方法徹底煮熟的豆子。

這是我用於烹飪豌豆和豆類的食譜。

沖洗並分類。（煮鵝卵石沒有意義。）

在冷水中浸泡 8 至 36 小時，每 4 至 8 小時換水並沖洗一次。我通常在早上開始浸泡豆子，第二天我會做飯。

煮沸 10 分鐘。關掉暖氣。浸泡一小時。沖洗。

與其他成分混合，煮至軟。

15 壁球家族

壁球、瓜類、黃瓜和葫蘆是自然雜交的。它們在同一株植物上有雄花和雌花。蜜蜂在花間移動花粉。由於它們的濫交率很高，南瓜科的物種是開始探索當地園藝和種子保存的絕佳選擇。

黃色西瓜

西瓜

我選擇黃肉西瓜，因為導致甜瓜（和西紅柿）呈紅色的化學物質是苦的。我可以種植含糖量較低的甜瓜，味道更甜，因為它們不需要額外的甜味來克服苦味。

西葫蘆

西葫蘆西葫蘆包括彎脖，西葫蘆，橡子，精美的，南瓜燈籠和裝飾葫蘆。它們是成熟最快的冬南瓜。它們通常作為夏南瓜食用。

裝飾葫蘆與野生祖先密切相關，可能含有不良味道的毒藥。我不鼓勵在植物育種中使用裝飾葫蘆，除非你想努力品嚐以消除毒藥。

多年來，我避免種植佩波冬瓜。我以為他們是笨蛋。許多 pepo 南瓜有淡白色的肉。我喜歡食物中的胡蘿蔔素。佩波南瓜的胡蘿蔔素含量很低。

由於客戶的要求，我開始種植 pepo 冬瓜。

橡子南瓜交叉到精致南瓜

在保存種子之前，我遵循了我通常的習慣，即在每一代人中品嚐每一個南瓜。這些天，我不抱怨品嚐 pepo 冬瓜。你得到你所選擇的。我選擇味道和更豐富多彩的肉。

我種了一群熟食和橡子南瓜。如果我關心保留形狀，我可以將它們作為姐妹線種植，在一排的一端種植 精美的，另一端種植橡子。我的主要選擇標準是味道和有色的肉。我不在乎皮膚的形狀或顏色。

地方品種西葫蘆

我長出黃色的彎頸。對於歪脖子和黃色皮膚，我保持穩定。其他特徵各不相同。

我種西葫蘆。我讓它們保持穩定，長而瘦的水果。膚色可以是深綠色、淺綠色、黃色、米色、白色或條紋。我選擇濃密的植物。正在種植種子的成熟西葫蘆可以製成體面的冬南瓜，稱為骨髓。我選擇骨髓來品嚐，並且易於切割。

胡桃南瓜

胡桃南瓜家族以最能抵抗病蟲害而聞名。藤蔓和花梗堅硬，使它們能夠抵抗藤蔓蛀蟲。味道比 pepo 好，但不如 maxima。它們在長期儲存期間保持高品質。

当地各种胡桃南瓜

我開始種胡桃南瓜本地品種的那一年，生長期 88 天，75%的品種沒能結出果實。我收穫了未成熟的果實，這些果實在收穫種子之前在室內成熟了幾個月。在第三年，他們在 84 天的生長季節收穫了豐富的成熟果實。

我種了胡桃形南瓜、長頸南瓜和圓南瓜。他們異花授粉。後代有許多形狀和大小。農貿市場的顧客持懷疑態度。許多人以前從未見過圓形胡桃。

我已經提到本地品種屬於一個社區。這是我對這個想法的第一次介紹。我的客戶了解到，我帶到市場上的任何東西味道都很棒。水果的形狀、顏色或大小無關緊要。我的顧客非常喜歡長頸形狀。因此，我優先種植長頸表型的種子。我種了大約 90% 的長頸和 10% 的南瓜。這使長頸表型保持優勢，同時保持遺傳多樣性。

從我這裡購買種子的人要求較小的水果。我開始每年從最小的水果中保存種子。我在一個單獨的領域種植它們。最終，水果比半磅小得多。我不喜歡他們。他們沒有很好地儲存。種子很小，缺乏快速生長的能量。小植物缺乏活力。我沒有分享他們的種子。品種必須先取悅農民，然後才能受到社區的喜愛。作為自給農民，更大的水果為同樣的勞動力和空間提供更多的食物。我的目標是生產重量在 5 到 15 磅之間的水果品種。

千里馬千里馬

我喜歡南瓜。他們茁壯成長。它們嘗起來又香又甜。他們很快成熟。生產力很棒。它們產生大量的胡蘿蔔素。存儲壽命平均為三到五個月。

千里馬南瓜產生厚厚的肉質莖和軟木梗。葡萄蛀蟲在許多地方肆虐它們。人們甚至不會嘗試種植它們。他們不喜歡與藤蔓蛀蟲作鬥爭。

如果我們可以將 胡桃南瓜 的美妙味道與 胡桃南瓜 的葡萄螟抗性結合起來會怎樣？

常見的南瓜物種通常不會相互交叉。我在 12 年內發現了一種天然存在的雜交種。我每年種植數千個南瓜。

存在一種名為 Tetsukabuto 的種間雜交種。它是 maxima 和 moschata 之間的交叉。日本精明的植物育種者創造了它。Pinetree Garden Seeds 出售種子。雄花在產生花粉之前會枯萎。我在我的南瓜地裡種了 Tetsukabuto。另一個南瓜提供花粉。蜜蜂散發花粉。

我重新種了種子。第一年，我選擇恢復生育能力。在後來的幾年裡，我選擇了美味的千里馬口味和細而堅硬的葡萄藤。來自受感染地區的種植報告稱，南瓜對藤蔓蛀蟲有抵抗力。我稱這個人口為 Maximoss。我希望其他人重複這個過程。

我也選擇了另一個方向，用於胡桃形狀的水果。我稱這個群體為 Moschamax。一些後代撿起了長毛莨的橙色皮膚。我還沒有找到一個結合了鹹味極大風味和胡桃形狀的版本。如果我願意在選定的父母之間進行人工授粉，選擇過程會更容易。

風味

在我從任何南瓜果實中取出種子之前，我先嚐嚐。我一次品嚐大約 16 種水果。我品嚐生的，然後煮熟。

在進行口味測試時，我會注意水果的儲存情況。我注意到它很容易切割或剝落。我聞到了每一種水果。我檢查顏色。如果水果有什麼不對勁，我就會把它餵給雞。我只從各方面都令人愉悅的水果中保存種子。

选择最佳风味

我喜歡食物中胡蘿蔔素的味道。胡蘿蔔素越多，味道越好。這種特性在壁球中尤為明顯。年復一年，我的南瓜變成深橙色。我每年都會多一點愛他們。

烹飪

我喜歡吃煮熟的南瓜。任何種類的南瓜都可以作為夏南瓜食用，同時不成熟和嫩。我最喜歡彎頸，因為它富含我喜歡的胡蘿蔔素。在熱鍋裡，用油炒。炒至

品尝多种水果

棕色。用鹽和胡椒調味。我不喜歡煮或蒸西葫蘆，因為它們會變得糊狀，這讓我感到噁心。我媽媽在蛋糕和餅乾裡加了磨碎的西葫蘆。我們在冬天冷凍磨碎的南瓜用於這種用途。

我用類似的方式煮冬瓜。切成半英寸（1厘米）厚的薄片。在油中炸至軟。用這種方式烹飪長頸胡桃很有趣，因為它們形成圓盤。我選擇了長頸胡桃，皮膚嫩。這樣可以輕鬆地用土豆削皮機削皮，或吃柔軟細膩的皮。

我們在烤箱中以350烘烤冬瓜。F（180°C）的溫度約一個小時，或直至變軟。我們把它們烤成半個水果或切成薯條。如果是炸薯條，我們會在烹飪前用油攪拌它們。

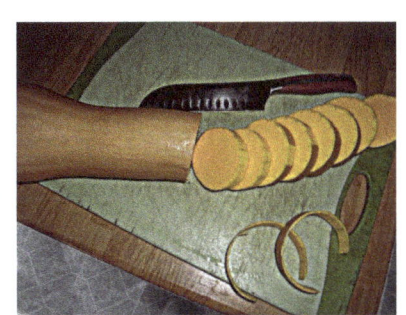

長頸南瓜

任何剩菜都會搗碎並冷凍，用作南瓜派餡料。我還用夸脫罐中的壓力罐裝南瓜來製作南瓜派餡。家庭瓶裝南瓜呈金黃色，味道清淡，與機器生產的棕色南瓜大不相同。

我用唱歌、跳舞、快樂和感恩做飯。我認為這對食物的味道有影響。這肯定會改變我對食物的態度。當我知道我吃的食物得到了我的關心和關注時，我會更好地照顧自己。

16 穀物

種植和儲存小穀物使文明成為可能。它們很容易用簡單的工具和方法種植和收穫。它們巨大的生產力、高熱量和長時間的儲存使得食物供應集中化。人們可以選擇從事其他活動，如識字、藝術、科學、音樂、採礦、建築、製造、商業和政治。

穀物的高生產力一直延續到今天，可以作為擺脫集權的源泉。穀物對善或惡都是強大的。

一個小時的中等強度的勞動，我可以收穫足夠的糧食來養活自己一個星期。反過來看，一年的糧食只需要我一個星期的勞動就可以收割。種植和照料正在生長的植物可能需要再花一周時間。穀物的維生素含量很低。它們不提供均衡的營養。

種植種植

自給農場，在低投入系統中有機。這會影響我重視的穀物類型。我希望穀物大約齊腰高。我不想彎腰收割。高大的穀物長得比雜草長，從而節省了除草勞動。人們說較高的穀物更容易倒伏。我不從倒伏的植物中收穫種子，因此選擇抗倒伏。

自從我 12 個季節前開始在這片土地上種植以來，我就沒有在我目前的土地上施過毒藥、除草劑、肥料、堆肥或肥料。我選擇不受土壤、氣候、疾病、害蟲和捕食者影響的植物。當它們到達施肥的田地時，它們真的會茁壯成長。我不希望我的農業系統依賴於遙遠的巨型實體。

在我的生態系統中，緩存谷黑麥 歸化了。它生長在路邊、山上和其他未割草的地方。它不需要灌溉。它隨著秋雨和越冬而建立起來。它生長在雪下！

在春天，它長出了雜草。在非灌溉區域，它達到 3-4 英尺 (1 m) 高。在灌溉田中，它長到 6 英尺 (2 m)。它作為一種免耕、自我重新播種的作物效果很好。有足夠的野生斑塊可以養活任何想要收穫種子的人。

多麼美妙的種植系統。冬雨為莊稼提供水分。它通過在雜草休眠時生長來避免雜草壓力。我在春天耙植物幾次。耙能殺死嬌嫩的一年生雜草幼苗，而不會傷害穀物。

燕麥通常在我家過冬。幾年後，少數人倖存下來。在其他年份，他們都死了。燕麥對我來說並不可靠。這讓他們吃起來不愉快。我現在專注於輕鬆脫殼。如果問題得到解決，那麼我可以嘗試選擇冬季抗寒性。

許多小麥品種對我來說可靠地越冬。我曾曾祖父的小麥是一種非灌溉冬小麥。

在種植少量穀物時，如果它們的間距很寬（1 英尺，0.3 m），每株植物就會產生許多分蘗（最多 350 粒種子）。為了快速增加種子，我使用寬間距。

收割

我用來收割和清潔小顆粒的工具是我的身體、手套、鞋子、旁路剪、防水布、棍子和水桶。用這些項目的替代品或遺漏來收穫穀物是非常可能的。

輕鬆脫粒對我來說很重要。我用手剪收割，用腳打穀，或用棍子敲打。因為是手工採摘，所以不需要統一的成熟期。

我選擇了不破碎，讓穀物在田間站立很長時間。我選擇早熟作為主要選擇標準。更長時間成熟的穀物更容易受到風、雨、疾病和捕食者的影響。我喜歡遺傳多樣性，因為一種害蟲或一種疾病不會消滅整個田地，只會消滅一些植物。

我使用的技術是沿著行走，抓起一把穀物，然後用剪刀或刀片將其切斷。我把種子頭扔到防水布上。我在他們身上上下跳躍，或者用棍子打他們。將它們徹底脫粒後，我將它們逐桶倒在風中，以將穀物種子與穀殼分離。這稱為風選。一塊粗篩或濾器有助於在風選之前將較大的穀殼與小種子分離。大多數穀殼可以在風選前耙掉。

種植穀物時，我選擇長到腰高的植物，因為這樣我可以輕鬆在站立時收割它們。通過抓住頭部並猛拉將頭部與莖分開，可以輕鬆收穫某些類型的穀物。我喜歡戴手套和鞋子，因為糠會刺破皮膚。

育種

落基山種子聯盟主辦傳統穀物試驗。我們正在收集、種植和擴大歷史穀物品種。種子管理員、園丁、農民、廚師和麵包師在該項目上進行合作。我在該項目中的早期角色是將幾撮種子放大到幾杯。我成功地種植了小麥、大麥、黑麥和燕麥。我用小米不成功。我不喜歡破碎的燕麥，所以我沒有自願第二次種植它們。

幾年後，我的田地裡雜草叢生。我不能再為這個項目種植純品種了。因此，我們開始了培育本土小麥和大麥的項目。當我嘗試和增加種子數量時，其他園丁也在做同樣的事情。項目經理 Lee-Ann Hill 給我寄來了每個物種的大約 16 個品種，這些品種已知在落基山脈繁衍生息。我添加了一些我最喜歡的，包括我曾曾祖父的小麥。

在乾燥氣候下，小麥和大麥的雜交率約為 10%。在潮濕的氣候下，穿越率較低。我們將品種混在一起以鼓勵異花授粉。春季種植時，這兩個種群都茁壯成長。

西方藝術和生態學也發送了種子，這些種子來自大約 2000 種小麥。我在同一天將它們種在同一塊田地。西方石油公司位於加利福尼亞海岸。這些種子不適合在落基山脈的高海拔沙漠中生長。絕大多數植物在脛骨高度開花。我不喜歡那樣，因為我不喜歡彎腰收割。有些植物長得又高又旺。我從他們那裡保存了種子，並將它們與 Heritage Grain Trials 品種組合成一個普通的種子批次。西方種子約佔總收成的 15%。大約 60% 的種子被種植。

西方人口比傳統穀物試驗人口更加多樣化。大部分多樣性沒有得到保留，因為它不能滿足我作為農民的需求。我沒有收穫矮小的植物，也沒有收穫晚秋成熟的植物。一些西方植物在開花前需要一個冬天。他們沒有開花。

　　我將種子歸還給穀物試驗。我將小麥和大麥作為"落基山小麥"和"落基山大麥"發送到實驗農場網絡。我與麵包師分享。

　　我喜歡小麥。它茁壯成長。植株高大，容易收割而不彎腰。

　　大麥植株較短。我只從不會因風或灌溉而倒下的最高植物中收集種子。我希望人口朝著更容易收穫的方向發展。

　　我重新種了種子。一些雜種出現，表現為大量出現的新表型，以及同輩群體種植中出現的異型。我再次收集種子，並將它們返回到穀物試驗中，並與實驗農場網絡共享。

　　因為我花園裡的小麥和大麥雜草叢生，我無意中選擇了冬季抗寒。很可能我最終會培育出分為春季種植種群和秋季種植種群的姐妹系。我可以用秋季種植的種群在荒地播種，讓它們自生自滅。小麥目前在我的社區中不是野生的。如果種植了足夠的多樣性，某些東西可能會變得野蠻。

　　我用"冬小麥"這個詞來表示我在秋天種下的種子，它們在冬天存活了下來。我用"春小麥"這個詞來表示我在春天種下的種子。有些穀物在開花前需要冷卻。在早春種植可以提供必要的寒冷。

　　有些品種可能完全是冬小麥或完全是春小麥。我種植的大多數品種都可以種植。我傾向於將大麥視為春季種植的作物。

　　小麥的遺傳是複雜的。我把所有類型混在一起。他們可以自己解決。

　　有些品種比其他品種更異交。我注意到更多異交品種的花藥在外皮。隨著時間的推移，種植穀物本土風格將傾向於選擇更高的異交率。

多年生穀物

我種植小塊多年生小麥和多年生黑麥。民間傳說說，它們起源於與野草的種間雜交。永續農業的魅力在於您可以種植一次而不會再次擾亂土壤。我對這些物種的最初目標是選擇冬季抗寒性。我目前正在選擇易於脫粒。我從 Jason Padvorac 那裡收到了我的原始種子股票。他寫道：

> 許多山地人聚集並照料野生的多年生穀物。任何想要了解多年生穀物的人都最好研究一下當地土著人使用的穀物，以及他們是如何做到的。
>
> 一些多年生穀物的生產壽命很短，在早期商業生產中每兩三年耕種一次。他們這樣做的另一個原因是，田地開始變成草原生態系統，多年生穀物不再是主要植物，他們希望每英畝的產量更高。有些人的壽命很長，但可以在沒有某種管理或乾擾的情況下使自己窒息。這對管理產生了巨大的影響，在多大程度上我們真的可以"種植一次，不擾亂土壤"。
>
> 如果我們想在沒有規律干擾的情況下種植多年生穀物，我們必須模仿草原的生態。天然草原混合了草和雜草，可以找到一些自然平衡。確保平衡包括我們想要種植的穀物的高比例需要運氣、當地專業知識和熟練的管理。如果沒有很多運氣，這將需要大量的專業知識和技能。
>
> 隨著時間的推移，原來的父母將死去，新的多年生穀物兒童將需要建立。除非幸運，否則可能需要仔細觀察它們的建立習性，以在田間保持較高比例的多年生穀物。
>
> 在想要長成森林的土地上，至少每年必須對田地進行修剪、焚燒或放牧，以減少荊棘和樹木。在任何土地上，茅草都必須至少被撞到土壤中，這樣養分才能循環，乾燥的茅草不會扼殺新的生長。

從大局來看，如果我們想種植一種只能為我們提供多年食物的作物，請種一棵樹。如果我們想每兩年種一次多年生穀物而不耕種，我們真正種植的是草原生態系統。生態系統不是作物，而是複雜的生物體。在生態系統層面養育食物是非常值得的，但我們必須謙虛，了解我們的局限性，不要期望生態系統像單一栽培領域一樣。

在育種方面，如果我們在自然生態系統環境中種植多年生穀物，它們將自行播種以滿足*他們的*生存標準，而不是我們的生產力或易於收穫的標準。它們自然會變得更狂野，更少馴化，並且通常看起來越來越狂野。通過管理田地來控制可以建立幼苗的環境（通過洪水、割草、定期條耕、除草、牲畜放牧、踐踏或其他方式），我們可以播種選定的種子並繼續促進我們選擇的遺傳。

烹飪

由於穀物中的抗營養物質，當社會從狩獵/採集農業轉向以穀物為基礎的農業時，人們的健康和福祉受到了影響。文明中出現了新的疾病和疾病。今天，通過觀察在依賴穀物的文明和家庭中常見的猖獗的肥胖、營養不良和代謝紊亂，這些影響是顯而易見的。傳統的烹飪方法（酸麵團、全麥、發芽），最大限度地減少抗營養素並增加維生素。它們需要花費工業化食品系統不願意花費的時間和勞動力。

許多人對最近開發的穀物品種和收穫技術有輕度過敏。這些發生在 60 多年前常用的穀物和方法中的頻率較低。

減少抗營養物質的最佳做法包括食用在煮沸前已經浸泡、發芽和/或發酵的完整種子，並丟棄烹飪用水。傳統的酸麵團烹飪是一個緩慢的過程，為抗營養物質的分解留出時間。

我不喜歡吃無法辨認的果肉。我不知道工廠麵包師在麵包、蛋糕、餅乾或布丁中添加了什麼。

我相信，如果我們停止食用無法識別的類似食物的物質，人們的健康會得到顯著改善。我不喜歡吃食物，除非我可以通過觀察它們的種類來判斷它們。

Decker five seed—Crumb Brothers Artisan Bread

17 使一切都成為當地品種

多樣性 本書的重點是通過生物多樣性保障糧食安全的原則，適用於自然界的每一個部分。我相信它們應該應用於我們在家園和農場飼養的動物。在本章中，我將討論雞、蜜蜂、蘑菇和樹木。

保持高數量的植物比動物更容易。與植物相比，動物更容易受到近交衰退的影響，需要格外小心。為了保持較高的種群規模，社區比個人更容易繁殖當地品種的動物。

動物育種的另一個細微差別是，與植物相比，我根據適應不良的特徵剔除更多。

維持品種所需的近親繁殖會導致可預測的疾病。

我喜歡混合品種的農場動物，因為它們具有額外的彈性。野貓和混種狗讓我很開心。

雞 雞的

傳統品種往往是高度近交的。人們喜歡他們的傳統品種，並竭盡全力確保近親繁殖繼續進行。我讀過關於將某些品種作為單一育種對進行維護的報告！

遺產品種保護是很久以前在遙遠的農場被選中繁衍生息的品種的另一個例子。每個雞舍的現代條件和當地生態系統都不同於該品種的起源時間和地點。

基因多樣的雞更容易適應當地條件：天氣、特定的雞舍、農民和社區的習慣。

我認識飼養大群混種雞的農民，這些雞可以隨意雜交。他們的羊群生存得很好。我認為這部分是因為他們飼養了大量的雞群，並且他們在羊群中飼養了大量的公雞。

避免雞群近親繁殖衰退的歷史方法是只保留在您的宅基地孵化的母雞，然後從其他地方引入無關的公雞。不相關是指相隔三代或更多代。

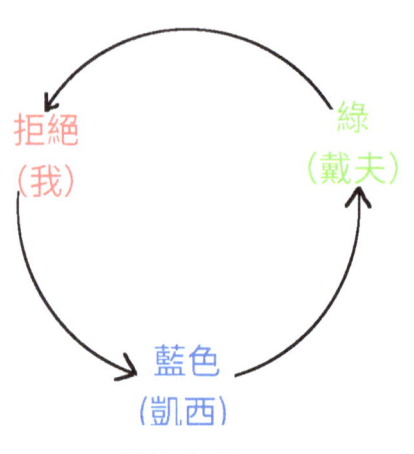

螺旋育種：
公雞小雞去新的羊群

傳統上，這種方法被稱為螺旋育種。这是一个命名的螺旋，因为雄性小鸡从一组移动到另一组，阻止它们与近亲交配。

螺旋育種涉及飼養三群或更多雞群。沒有雄性留在它們母親的羊群中。年輕的公雞移動到螺旋中的下一個雞群。輪換順序始終相同。例如紅群→藍群。藍群→綠群。綠群→紅群。這保持了三代的近親繁殖距離。

每一代都養足夠多的公雞，這樣如果一隻公雞意外死亡，這個螺旋可以繼續下去。與雞群在一起多年的公雞比年輕的公雞對雞群遺傳的影響更大。年輕的公雞有助於更快地適應。年長的公雞增加了穩定性。

為簡單起見，最好在多個宅基地上用三群或更多雞群進行螺旋繁殖。本把他的公雞小雞給了凱西。她把她的給了戴夫。戴夫把他的給了本。總是按照這個順序。然後不需要記錄保存或譜系。

螺旋繁殖也可以在單個宅基地上進行，方法是在每隻幼鳥身上貼上彩色帶子。它們一年中的大部分時間都可以混群飼養，只在交配季節分開。我認識一個自耕農，他通過記住哪些鳥屬於哪個群來進行螺旋繁殖。

為了在增加遺傳多樣性的同時保持當地的適應性，我建議每十隻母雞中有一兩隻是新品種，每年從螺旋外進口。任何隨機的品種都很好，因為就 不准告訴誰，將有助於這將是羊群的長期生存能力有益的基因。

如果您真的找不到與您對遺傳多樣性雞有相同看法的鄰居，那麼螺旋育種主題就會有所不同。只保留你的母雞。在交配季節之前的每個春天，擺脫所有的公雞，並從之前沒有在您的農場中出現的隨機品種中引入公雞。這保持了母雞的本地適應性，並不斷從公雞中引入新的多樣性。

養殖是雞生存能力的重要組成部分。它們學習生存技能的最佳方式是向它們的母親和羊群中的其他成員學習。我強烈建議本地適應的雞群用育雛母雞自我維持，而不是通過機器人孵化機。

許多現代和傳統品種已經失去了育雛的本能。開發一個茁壯成長的適應當地的雞群可能涉及選擇育雛。

蜜蜂

每年春天，美國約有 70% 的蜜蜂群被卡車運往加利福尼亞的杏仁園。在遷徙到該國其他地區之前，蜜蜂會相互交換病蟲害。果園的生態系統是裸露的泥土。生態系統對蜜蜂幾乎沒有好處。到第二年春天，40% 的殖民地已經死亡。

在我的山谷，無論養蜂人準備如何，目前蜜蜂的冬季死亡率都接近 100%。在春天，蜜蜂被剛從加利福尼亞回來的非本地適應的蜜蜂所取代。病蟲害猖獗。蜜蜂依賴化學物質生存。他們缺乏當地的適應能力。他們幾乎沒有機會度過冬天。

工業化養蜂

我的曾祖父和父親是養蜂人，除了縮小入口尺寸外，無需準備過冬即可飼養適應當地的蜜蜂。野生蜜蜂生活在周圍山丘的岩層和廢棄的建築物中。當地的行善者自告奮勇殺死野生蜜蜂，聲稱它們對生物有害。

　　為了當地的糧食安全，我的山谷應該帶回適應當地的蜜蜂，包括管理的和野生的。我將提出一些關於我認為最佳實踐開發項目可能是什麼樣子的想法。

　　該項目應免處理。沒有化學處理。沒有抗生素。無蟎治療。通過運行免處理系統，害蟲、疾病和蜜蜂可以建立穩定的關係。

　　蜜蜂應該以隨機模式建造天然蜂窩。市售粉底具有不自然的單元尺寸。當蜜蜂從工業化的蜂巢中孵化出來時，它們的大小會變得不適合它們的生物學。直梳會干擾蜂巢的適當加熱和冷卻。

　　應消除養蜂場的概念。為最大程度地減少蜜蜂和疾病的漂移，將蜂群至少相距 80 碼 (73 m)，入口歪斜，並在每個蜂群上繪製不同的幾何圖案。

　　Warré 蜂箱可能最適合我的氣候，採用 1.5 至 3 英寸（4 至 8 厘米）或更厚的木材製成，以增加溫度穩定性，並採用天然堆肥地板。

　　來自小蜂巢的自然蜂群模式應該是正常的繁殖模式。

　　如果可能，請在沒有來自加利福尼亞的無人機淹沒的地區進行該項目。或許可以向蜜蜂在冬天殺死的人提供適應當地的蜜蜂。這樣，接收者將向交配池貢獻適合項目的無人機。

　　像所有自然系統一樣，蜜蜂會適應它們必須處理的任何事物。我們設計的系統越接近它們的自然狀態，它們就越容易適應。我強烈推薦 *12 條保護養蜂原則*，可從 What Bees Want 中獲得。

　　將需要一個教育部分，以便向當地的蜜蜂檢查員和化學養蜂人傳授當地適應的蜜蜂不是生物危害。

該項目應定期進口基因不同的蜜蜂品系，特別是如果它們來自其他致力於開發免治療、適應當地種群的項目。

與我在本書中討論的任何其他項目相比，蜜蜂育種項目是一個全社區項目。社區外展對於鼓勵人們重視野生殖民地並高度尊重它們可能很重要。

蘑菇 蘑菇

的交配系統似乎很神秘。他們對當地品種的園藝反應良好。我在野外和商店裡收集蘑菇。我把它們混合成水狀的泥。我將溶液傾倒到合適的棲息地。然後在涼爽的天氣下暴雨之後，我檢查了種植情況。一旦建立，蘑菇補丁可能會結果很多年。

我種植的蘑菇在戶外的有生命的生態系統中。它們在自然界中茁壯成長。

羊肚菌與三葉楊、楊樹和白楊一起生長。如果我將它們種植在木片上，我更喜歡使用那些樹種。

我最常發現牡蠣蘑菇是從樹根上長出來的。當我有意種植它們時，我通過部分掩埋原木來模仿該生態系統。這裡非常乾燥。掩埋原木有助於保持它們濕潤。

像任何物種一樣，你會得到你所選擇的，物種會適應它們本來的環境。您在環境中擁有的多樣性越多，本地適應的可能性就越大。

樹木

樹木是一個長期的育種項目，可能是多代的。在培育樹木時，我採取了一種隨心所欲的方法。在幼苗成熟之前，土地很可能已經換了主人。也許多次。我種植盡可能多的樹苗。一兩年後，當樹木結籽時，我敲開土地管理人員的門並索要種子。

我在農貿市場賣樹苗。我可能不知道他們去了哪裡。多年後，我可能會發現它們在城鎮周圍生長。

我將樹種和樹苗種到荒地。他們中的一些人建立起來。

偉大的父母的後代往往是偉大的。當我用種子種樹時，我沒有發現新的毒藥或怪胎。最典型的是，後代與他們的父母非常相似。

蘋果

我的社區在 160 年前建立時挖了灌溉溝渠。工人們將午餐蘋果的種子埋在運河附近。蘋果樹仍然沿著運河生長。蘋果大多是小果子，有黃色的果皮。味道酸而明亮。每棵樹都會結出不同口味的果實。我沒有發現任何苦味或不可食用的。他們不會被蘋果蠹蛾困擾。野生蘋果樹生長在整個山谷的河岸地區。

核桃

我的核桃育種項目正在進行由 Les Shandrew 發起的工作。他在幾十年前去世了。他種了兩代樹。我大量選擇了第三代的抗寒能力。我將幼苗移高了 900 英尺（0.27 公里）。擴大範圍允許喀爾巴阡核桃生長在一個太冷的山谷中，無法可靠地生產商業可用的無性系核桃。

第三代開始生產堅果。一棵樹有甜的肉荳蔻，沒有我不喜歡的核桃的苦味。我們正在城鎮周圍種植第四代幼苗。

杏

杏在我的生態系統中生長野生，無需灌溉。當我爸爸還是個男孩的時候，他在乾燥的山頂上吃杏子。坑留在了後面。七十年後，一株幼苗已成小樹林。杏苗在三至五年內結果。一個人可以希望在一生中成長幾代人。

我種了一排杏苗。其中一位父母甜美而細膩。如果採摘，它必須從手到口，因為它缺乏運輸質量。這是一種令人驚訝的老式風味。我希望它的一些後代能嚐到同樣的味道。

地方品种坚果

地方品种甜菜

後記

　　我提出了我的想法，即使用遺傳多樣性、異花授粉的當地品種進行園藝如何加強當地的食物和種子生產。我分享了由於當地適應、遺傳多樣性和異花授粉，我農場的糧食安全得到了改善。

　　我簡要介紹了我們如何到達現在的位置。我的重點不是對壞人生氣。我的目的是構建我們在自己的生活中喜歡的系統。世界其他地方可以生活在他們選擇的系統中。

　　這本書的初稿包含一個標題為"社區"的章節。為了在整本書中傳播這個想法，它被刪除了。使用當地品種進行園藝與繁榮當地社區和植物一樣重要。

　　我提出了一種擺脫保持傳家寶純淨和孤立的壓力的方法。我注意到，如果它們是異花授粉和遺傳多樣性的，那麼種群會更強大。我建議盡量減少或消除記錄保存。

　　我舉了一些我從事過的作物的例子。我評論說，通過關注，作物可以朝著新的和令人興奮的方向發展。選擇可以為新的農業實踐創造新的品種。

　　我分享了我對 美麗的混雜和美味的番茄 項目的熱情。我希望你們中的一些人能和我一起創造一個強大的自交不相容的西紅柿種群。

　　我注意到有潛力進行育種工作的物種。我寫了大約幾十種。我已經工作了一百個。在其他生態系統和荒地中還有數千種。使用適應當地的、遺傳多樣的品種進行園藝的原則適用於任何生態系統以及任何植物或動物種群。我們得到了我們選擇的東西，即使它是無意的。遺傳多樣性、異花授粉的種群適應不斷變化的條件。這導致更可靠的食品安全。

　　開始可以很容易，只需種植幾株植物，將兩個品種靠近在一起，然後保存種子並重新種植。您覺得哪些物種受到啟發以適應本土園藝？

开发本地品种的难度

的難易度 此表總結了我對使用各種物種創建本地品種的困難的態度。高度異交的一年生物種最迅速地轉化為適應當地的品種。大花可以輕鬆創建自由雜交種。

作物	通過率	自由雜交	避免第一代混合動力車
非常容易			
豆，蠶豆	~30%	是	
豆，亞軍	~35%	是	
玉米	高	易	
黃瓜	~70%，	容易	
瓜類	高	易	
菠菜	100%	容易	
壁球	高	更加	
輕鬆			
蘆筍	100%	容易	
大麥	~10 %		
白菜，羽衣甘藍，西蘭花	100%	是	是
茄子	~10%	是	
秋葵	~10%	是	
胡椒	~10%	是	
蘿蔔	~85%		是
向日葵	~50%		是

粘果酸漿	100%	是	
番茄	多角的 ~30%	是	
番茄，混雜	100 %	容易	
小麥	~10%的		
硬			
甜菜	高		是
胡蘿蔔	高		是
洋蔥	高		是
防風草	~30%		是
馬鈴薯		是	
大頭菜	~20%		是
甘藷	100%		
番茄，國內	~3%	是	
蕪菁	100%		是
非常硬的			
豆，共同	0.5- 5%	是	
豆類、鷹嘴豆	低	是	
大蒜			
生菜	~3%		是
豌豆	0.5%	是	
向日葵根	100%		

對於未列出的物種，您可以通過觀察花朵來估計轉換為遺傳多樣性園藝的難易程度。如果它們是吸引大量傳粉者的一年

生植物，或者如果它們使用風吹散花粉，它們就處於更容易的一端。

商業雜交種通常使用細胞質雄性不育製成。

因為藝苔是自交不相容的，自由雜交很容易，只需種植每個品種的一株植物即可雜交。

由於根部越冬困難，我將兩年生塊根作物歸類為硬塊。

我認為國產西紅柿很難吃，因為遺傳多樣性有限。

我將異花授粉率低的物種歸入非常困難的類別。

由於雜草，我稱太陽根非常堅硬。

快速總結

本土品種
  本地適應
  遺傳多樣性
  混雜授粉 以
  社區為導向

植物育種的大秘密
  植物製造種子
  後代類似於它們的父母和祖父母
  有時一個特徵會跳過一代。

創建本地品種
  傳家寶和開放授粉品種 首選
  大規模雜交或增量變化
  混雜授粉
  適者生存
  不溺愛
  使用本地品種

維持本地品種
  社區、社區、社區
  添加新遺傳
  保留舊遺傳
  偏好較大種群
  自由選擇
  優先考慮雜交

種子嘉實,幹
　脫粒 的
　屏幕
　簸
種子收穫,濕
　發酵
　沖洗
　幹
　簸
種子貯藏
　冷
　暗
　乾燥
　安全
歡喜在花園
　擁抱,唱歌,跳舞,鼓樂
　講故事。篝火和滿月嚎叫
　社區。種植和收穫派對
　赤腳步行
　手到嘴覓食
　品嚐美妙的新鮮風味
　隱藏漂亮的石頭,以便日後除草時找到

作者簡介

約瑟夫 Lofthouse 在第六代家庭農場從祖父和父親那裡學會了種子保存。

在因道德困境而崩潰之前，他曾是一名化學家。在回到家鄉務農之前，他曾在寺院尋求庇護，發誓要擺脫貧困。

他種植了三年的市場蔬菜，然後過渡到種子保存、本土品種開發、演講和寫作。

在聯繫作者 http://Lofthouse.com 。請將評論發佈到您最喜歡的社交媒體或購物網站。